U0368517

园林树木识别与应用

段苏微　张叶新 ▣ 主　编

清华大学出版社
北京

内 容 简 介

本书采用项目教学法，读者可通过完成学习任务加强对园林树木识别与应用相关知识的实际运用能力。全书内容共分为园林树木识别与应用基础、落叶乔木的识别与应用、常绿乔木的识别与应用、落叶灌木的识别与应用、常绿灌木的识别与应用、藤本与竹类植物的识别与应用6个项目17个任务。全书图片精美、理论翔实，有较强的实用性。

本书可作为高等职业院校风景园林、园林技术、园林工程技术等专业的教材，也可供从事园林绿化的技术人员参考。

图书在版编目（CIP）数据

园林树木识别与应用 / 段苏微，张叶新主编 .

北京：清华大学出版社，2024. 9. -- ISBN 978-7-302
-67251-7

Ⅰ. S68

中国国家版本馆 CIP 数据核字第 20248ZW976 号

责任编辑：杜　晓
封面设计：曹　来
责任校对：袁　芳
责任印制：刘海龙

出版发行：清华大学出版社
　　　　　网　　　址：https://www.tup.com.cn，https://www.wqxuetang.com
　　　　　地　　　址：北京清华大学学研大厦 A 座　　　　邮　　　编：100084
　　　　　社 总 机：010-83470000　　　　　　　　　　邮　　　购：010-62786544
　　　　　投稿与读者服务：010-62776969，c-service@tup.tsinghua.edu.cn
　　　　　质量反馈：010-62772015，zhiliang@tup.tsinghua.edu.cn
　　　　　课件下载：https://www.tup.com.cn，010-83470410
印 装 者：小森印刷霸州有限公司
经　　销：全国新华书店
开　　本：185mm×260mm　　　印　　张：12.25　　　字　　数：276 千字
版　　次：2024 年 9 月第 1 版　　　　　　　　　　　印　　次：2024 年 9 月第 1 次印刷
定　　价：45.00 元

产品编号：106782-01

本书编写人员名单

主　　编：段苏微（江苏城乡建设职业学院）

张叶新（江苏城乡建设职业学院）

副 主 编：章志红（江苏城乡建设职业学院）

朱晓强（江苏城乡建设职业学院）

刘晓霞（江苏城乡建设职业学院）

参编人员：沈冰洁（江苏城乡建设职业学院）

王　康（江苏城乡建设职业学院）

付麟岚（江苏城乡建设职业学院）

王永亮（江苏城乡建设职业学院）

卓启苗（淮安致远市政园林建设有限公司）

任淑年（淮安生物工程高等职业学校）

前　言

园林树木识别与应用是园林专业重要的基础课程，是园林相关专业学生应具备的核心能力，学好该课程，对园林规划设计、绿化施工、园林养护管理等园林实践工作具有重要意义。

为了帮助学生更好地掌握园林树木识别与应用的技能，本书采用项目教学法和典型任务相结合的"理实一体化"教学改革模式，在结构、顺序、内容等方面都进行了一定的改进。学生学习本书需要一定的植物学知识，在理论学习之后，通过完成教师布置的实践任务，在任务实施过程中进一步加深对相关理论知识的理解，达成能力目标和素质目标，实现知识、能力、素质的三重跃迁。

本书分为园林树木识别与应用基础、落叶乔木的识别与应用、常绿乔木的识别与应用、落叶灌木的识别与应用、常绿灌木的识别与应用、藤本与竹类植物的识别与应用共 6 个项目，通过完成以上项目任务，学生可以理解和掌握园林树木的形态特征、养护管理的要点和园林的应用形式，提高园林树木识别与应用的能力。

本书由段苏微、张叶新主编，其中项目 1、项目 2、项目 5、项目 6 由段苏微编写，项目 3、项目 4 由张叶新编写。章志红、朱晓强、刘晓霞参与了本书的总体规划和设计，沈冰洁、王康及卓启苗参与了园林树木图片的提供、整理工作，王永亮、付麟岚及任淑年参与了本书的审校工作。此外，本书参考了近年来国内的相关教材和论著，在图片搜集和拍摄的过程中，得到了昔日同窗朱灵茜的帮助和资源支持，在此也表示衷心的感谢。全书在编写过程中，得到了江苏城乡建设职业学院园林工程技术专业群的大力支持和帮助。

本书虽经过多次审读，但由于编者水平有限，不足之处在所难免，恳请广大读者批评、指正，以便及时修改。

编　者
2024 年 1 月

目　录

项目 1　园林树木识别与应用基础

（1）理解园林树木的形态术语。

（2）理解园林树木的观赏特性。

（3）掌握园林树木配置应用的原则、基本形式。

（1）能正确运用形态术语描述园林树木的形态特征。

（2）能恰当描述园林树木的观赏特性。

（3）能准确分析园林树木配置应用的原则和基本形式。

（1）提升对园林植物景观的艺术审美能力。

（2）培养分析问题、解决问题的能力。

（3）提升小组分工合作、沟通交流的能力。

任务 1.1　园林树木形态识别基础

理论认知

园林树木种类繁多，体态各异，各有其独特之美。各种园林树木在树形、根、枝、芽、叶、花、果等方面，其结构、形态、颜色存在着很大差异，根据其形态特点、结合植物学分类，对其归纳总结出了以下植物形态术语，以便准确进行树木识别与描述。

1.1.1　树体性状

按园林树木的生长习性，可大致分为以下几类。

1. 乔木类

树体高大，一般在 6m 以上，有明显主干，分枝点距地面较高。乔木类又可依据高度分为伟乔（30m以上）、大乔（20~30m）、中乔（10~20m）及小乔（6~10m）四级。

2. 灌木类

树体矮小（通常6m以下），主干低矮或无明显主干，多数呈丛生状或分枝接近地面。

3. 藤本类

地上部分不能直立生长，须攀附于其他支持物向上生长，如紫藤、木香、金银花、爬山虎等。藤本类还可依据生长特点分为：缠绕类藤本，如紫藤、金银花等；吸附类藤本，如爬山虎、凌霄等；卷须类，如葡萄等；钩刺类，如藤本月季等。

4. 匍地类

干枝均匍地而生，与地面接触部分长出不定根，从而扩大占地范围，如铺地柏等。

1.1.2　茎

树木的茎是地上部的骨架，上面着生芽、叶片、花和果实。茎具有支撑、输导、储藏作用，大部分植物的茎还有繁殖作用。

1. 茎的结构

茎上着生叶的位置叫节，两节之间部分叫节间，茎顶端和节上叶腋处都生有芽，当叶子脱落后，节上留有的痕迹叫作叶痕。

树木的茎为木质茎，其中高大、主干明显、下部少分枝的为乔木（如广玉兰、杨树等），矮小、主干不明显、下部多分枝的为灌木（如小檗、玫瑰等），须依附他物的则为木质藤本（如木通、紫藤等）。

2. 茎的类型

茎依生长方式划分有直立茎、平卧茎、匍匐茎、攀缘茎、缠绕茎。

1）直立茎

直立着生不依附他物的茎，大多数植物的茎直立向上生长，如广玉兰、银杏等。

2）平卧茎

茎平卧地上生长，节上通常不长不定根，如地锦等。

3）匍匐茎

茎水平着生或匍匐于地面，节上同时有不定根长入地下，如铺地柏、沙地柏等。

4）攀缘茎

茎不能直立，需要凭特有的结构（如卷须、吸盘、钩刺等器官）攀附支持物才能上升。例如爬山虎、五叶地锦的茎以吸盘攀缘，凌霄、络石的茎以气生根攀缘，葡萄的茎以卷须攀缘。

5）缠绕茎

依靠茎本身缠绕上升的茎。缠绕茎又分为左缠绕茎与右缠绕茎两种。左缠绕茎为向植物体本身的左方缠绕，即由下向上呈逆时针方向缠绕的茎（如紫藤、茑萝、马兜铃等）。右缠绕茎为向植物体本身的右方缠绕，即由下向上呈顺时针方向缠绕的茎（如金银花、忍冬等）。

3. 茎的分枝

园林树木的分枝有一定规律，具体可分为以下几类。

1）单轴分枝

顶芽不断向上生长，成为粗壮主干，各级分枝由下向上依次细短，树冠呈尖塔形，这种分枝方式能获得粗壮通直的木材。多见于裸子植物，如松杉类的柏、杉、水杉以及部分被子植物，如杨、山毛榉等。

2）合轴分枝

茎在生长中，顶芽生长迟缓或者很早枯萎，或者为花芽，顶芽下面的腋芽萌发，代替顶芽的作用，如此反复交替进行生长，成为主干。这种主干是由许多腋芽发育的侧枝组成，称为合轴分枝。合轴分枝的植株，树冠开阔，枝叶茂盛，是一种较进化的分枝类型。大多见于被子植物，如桃、李、苹果、无花果等。

3）假二叉分枝

叶对生的植株，顶端很早停止生长，顶芽下面的两个侧芽同时迅速发育成两个侧枝，像两个叉状的分枝，称为假二叉分枝。假二叉分枝多见于被子植物木犀科、石竹科，如丁香、茉莉、接骨木等。

4）二叉分枝

较原始的分枝方式，分枝时顶端分生组织平分为两半，每半各形成一小枝，并且在一定时候又进行同样的分枝，因此这种分枝统称二叉分枝。苔藓植物和蕨类植物具有这种分枝方式。

4. 茎的变态

植物的茎在长期适应某种特殊环境的过程中，逐步改变原来的功能和形态，并能较稳定地长期保持下去，这种和一般形态不同的变化称为变态。茎的变态有地下茎变态和地上茎变态。地下茎变态包括根状茎、块茎、鳞茎、球茎等，地上茎变态包括茎刺、茎卷须、叶状茎、肉质茎等。

5. 芽的类型

依据芽的结构、位置等，可以将芽分为以下几种类型。

（1）按芽的结构可分为叶芽、花芽和混合芽。将发育成枝叶的芽称为叶芽；将发育成花或花序的芽称为花芽；混合芽是既发育形成叶又形成花或花序的芽（如海棠、苹果）。叶芽分为顶叶芽和侧叶芽；花芽可分为顶花芽和叶花芽。

（2）按生长位置可分为顶芽和腋芽、定芽和不定芽。

生于枝顶的芽称为顶芽；生于叶腋的芽，形体一般比顶芽小，称为腋芽。

由固定位置长出的芽称为定芽，如顶芽和腋芽。发生位置不固定的芽称为不定芽，如由老根、老茎、叶上长出的芽。

（3）按芽外围有无芽鳞可以分为鳞芽和裸芽。

芽的外面包有鳞片的称为鳞芽，如樟树、加拿大杨等。芽的外面没有鳞片包被的称为裸芽，如枫杨、山核桃等。

（4）按生长状态和形成季节可分为活动芽和休眠芽。能在当年生长季节萌发生长的芽称为活动芽；温带木本植物枝条下部的芽，即使在生长季节也不萌发，暂时处于休眠状态的芽称为休眠芽。

（5）其他分类。

叠生芽：数个上下重叠在一起的芽，如枫杨、皂荚等。其中，位于上部的芽称为副芽，最下面的称为主芽。

并生芽：数个并生在一起的芽，如桃、杏等。位于外侧的芽称为副芽，当中的称为主芽。

柄下芽：隐藏于叶柄基部内的芽，又称隐芽，如悬铃木等。

1.1.3 叶及叶序

1. 叶的结构

叶一般由叶片、叶柄和托叶组成。具有叶片、叶柄和托叶三部分的叶，称为完全叶，如豆科、蔷薇科等植物的叶。不完全具有这三部分的叶，称为不完全叶。例如，泡桐的叶缺少托叶，金银花的叶缺少叶柄。

1）叶片

叶片是叶柄顶端的宽扁部分。叶片包括叶先端、叶缘和叶基。

2）叶柄

叶柄是叶片与枝条连接的部分。通常叶柄位于叶片的基部。少数植物的叶柄着生于叶片中央或略偏下方，称为盾状着生，如莲、千金藤等。叶柄通常呈细圆柱形、扁平形或具有沟槽。

3）托叶

托叶是叶片或叶柄基部两侧小型的叶状体。托叶一般较细小，形状、大小因植物种类不同而有所差异。

2. 叶片的形态

园林树木叶片的大小、形态各异。但就某一种植物而言，叶片的形态则较为稳定，可作为识别植物和分类的依据。

1）叶片的形状

（1）鳞形：叶细小，呈鳞片状，如侧柏、柽柳、木麻黄等。

（2）锥形：叶短而先端尖，基部略宽，又称钻形，如柳杉等。

（3）刺形：叶扁平狭长，先端锐尖或渐尖，如刺柏等。

（4）针形：叶细长，先端尖锐，称为针叶，如各种油松、华山松等。

（5）线形：叶片细长而扁平，叶缘两侧均平行，上下宽度差异不大者称为线形叶，也称带形叶或条形叶，如紫杉和冷杉等。

（6）扇形：顶端宽圆，向下渐狭，如银杏等。

（7）披针形：叶身的长为宽的4～5倍，中部以下最宽，上部渐狭，称为披针形叶，如柳、桃等。叶最宽处在上部，似颠倒的披针形，称为倒披针形叶，如海桐等。

（8）匙形：状如汤匙，全形窄长，先端宽而圆，向下渐窄，如紫叶小檗等。

（9）卵形：叶片下部圆阔，上部稍狭，状如鸡蛋，称为卵形叶，如榆树、毛白杨、桂花、茶花等。卵形叶而较宽的，称为广卵形叶，如红瑞木等；卵形叶先端圆阔而基部稍狭，似颠倒的卵形，称为倒卵形叶，如白玉兰、木瓜等。

（10）圆形：状如圆盘，叶长、宽近相等，如圆叶乌桕、黄栌等。

（11）长圆形：长方状椭圆形，长约为宽的 3 倍，两侧边缘近平行，又称矩圆形叶，如苦槠等。

（12）椭圆形：近于长圆形，但中部最宽，边缘自中部起向上下两端渐窄，长为宽的 1.5～2 倍，如杜仲、君迁子、樟叶、白鹃梅等。

（13）菱形：叶片呈等边斜方形，如乌桕、丝棉木等。

（14）三角形：状如三角形，如加杨等。

（15）心形：先端尖或渐尖，基部内凹，具有二圆形浅裂及一弯缺，状如心脏，如紫丁香、紫荆等。

（16）肾形：先端宽钝，基部凹陷，横径较长，状如肾形，如连香树等。

2）叶尖的形状

叶尖是指叶片尖端的形状，常见的叶尖形状如图 1-1 所示。

（1）尖：先端成一锐角，又叫急尖，如女贞等。

（2）凸尖：叶先端由中脉延伸于外而形成一短突尖或短尖头，又称具短尖头，如胡枝子、白玉兰等。

（3）芒尖：凸尖延长，呈芒状。

（4）尾尖：先端渐狭，呈尾状，如棣棠、珍珠梅等。

（5）渐尖：先端渐狭成长尖头，如夹竹桃等。

（6）钝：先端钝或近圆形，如厚朴、黄栌、冬青卫矛等。

（7）截形：先端平截，几乎成一直线，如鹅掌楸等。

（8）微凹：先端圆，顶端中间稍凹，如小叶黄杨、黄檀等。

（9）凹缺：先端凹缺稍深，又名微缺，如黄杨等。

（10）二裂：先端具二浅裂，如银杏等。

| 急尖 | 凸尖 | 芒尖 | 尾尖 | 渐尖 | 圆钝 | 截形 | 微凹 | 凹缺 | 二裂 |

图 1-1 叶尖的形状

3）叶基的形状（图 1-2）

（1）渐狭：叶基两侧向内渐缩形成翅状叶柄，如樟树、绣线菊等。

（2）楔形：叶下部两侧渐狭呈楔子形，如八角、枇杷等。

（3）截形：叶基部平截，如元宝枫、加拿大杨等。

（4）圆形：叶基部渐圆，呈半圆形，如山杨、蜡梅、圆叶乌桕等。

（5）耳形：基部两侧各有一耳形裂片，如滴水观音、辽东栎等。

（6）心形：叶基部心形，如紫荆、山桐子等。

（7）偏斜：基部两侧不对称，如椴树、小叶朴等。

（8）合生穿茎：两个对生无柄叶的基部合生成一体，如盘叶忍冬、金松等。

渐狭　　楔形　　截形　　圆形　　耳形　　心形　　偏斜　　合生穿茎

图 1-2　叶基的形状

4）叶缘的形状（图 1-3）

（1）全缘：叶缘不具任何锯齿和缺裂，如丁香、紫荆、白玉兰等。

（2）波状：边缘波浪状起伏，如樟树、毛白杨等。边缘波状较浅称为浅波状，如白桦等。边缘波状较深则称为深波状，如蒙古栎等。边缘波状皱曲称为皱波状，如北京杨等。

（3）锯齿：边缘有尖锐的锯齿，齿端向前，如月季、红叶李等。边缘锯齿细密的称为细锯齿，如垂柳等。边缘锯齿先端钝的称为钝齿，如加拿大杨等。锯齿之间又具小锯齿的称为重锯齿，如樱花、棣棠、珍珠梅等。

（4）齿牙：边缘有尖锐的齿牙，齿端向外，齿的两边近相等，又叫牙齿状，如苎麻等。边缘具较小的齿牙则称为小齿牙，如荚蒾等。

（5）缺刻：边缘具有不整齐、较深的裂片。

（6）条裂：边缘分裂为狭条。

（7）浅裂：边缘浅裂至中脉的 1/3 左右，如辽东栎等。

（8）深裂：叶片深裂至离中脉或叶基部不远处，如鸡爪槭等。

（9）全裂：叶片分裂深至中脉或叶柄顶端，裂片彼此完全分开，如银桦。

（10）羽状分裂：裂片排列成羽状，并具羽状脉。因分裂深浅程度不同，分为羽状浅裂、羽状深裂、羽状全裂等。

（11）掌状分裂：裂片排列成掌状，具掌状脉。因分裂深浅程度不同，分为掌状浅裂、掌状全裂、掌状 3 浅裂、掌状 5 浅裂、掌状 5 深裂等。

全缘　　波状　　圆锯齿　　细锯齿　　重锯齿　　不规则锯齿　　齿牙　　小齿牙　　浅裂

图 1-3　叶缘的形状

5）叶脉的脉序

叶脉就是叶片维管束在叶肉内所形成的脉纹。叶脉在叶片上排列的方式称为脉序，叶片中部较粗的叶脉称为主脉，又称中脉。由主脉向两侧分出的次级脉称为侧脉。不同树木主侧脉分布不同，常见类型如下。

（1）网状脉：指叶脉数回分枝变细，并互相联结为网状的脉序。

（2）羽状脉：具一条主脉，侧脉排列成羽状，如榆树等。

（3）三出脉：由叶基伸出三条主脉，如肉桂、枣树等。

（4）离基三出脉：羽状脉中最下一对较粗的侧脉出自离开叶基稍上之处，如榕树、浙江桂等。

（5）掌状脉：几条近等粗的主脉由叶柄顶端生出，如紫荆、法桐等。

（6）平行脉：为多数次脉紧密平行排列的叶脉，如竹类等。

3. 单叶与复叶（图1-4）

单叶是指叶柄具有一个叶片的叶，叶片与叶柄间不具有关节。复叶是指总叶柄具有两片以上分离的叶片。复叶的种类有以下几种。

1）掌状复叶

复叶上没有叶轴，几个小叶着生在总叶柄顶端，如七叶树、鹅掌柴等。

2）羽状复叶

复叶的小叶排列成羽状，生于总叶轴的两侧。

（1）奇数羽状复叶：羽状复叶的顶端有一个小叶，小叶的总数为单数，如国槐、刺槐、蔷薇等。

（2）偶数羽状复叶：羽状复叶的顶端有两个小叶，小叶的总数为双数，如枫杨等。

（3）二回羽状复叶：总叶轴的两侧有羽状排列的分枝，分枝两侧着生羽状排列的小叶，如合欢等。

（4）三回羽状复叶：总叶轴两侧有羽状排列的二回羽状复叶，如南天竹、苦楝等。

3）三出复叶

总叶柄上具有 3 个小叶，如迎春等。

（1）羽状三出复叶：顶生小叶着生在总叶轴的顶端，其小叶柄较两个侧生小叶的小叶柄长，如胡枝子等。

（2）掌状三出复叶：3 个小叶都着生在总叶柄顶端的一点上，小叶柄近等长，如橡胶树等。

4）二出复叶

总叶柄上仅具有两个小叶，又叫两小叶复叶，如歪头菜等。

5）单身复叶

外形似单叶，但小叶片与叶柄间具有关节，又叫单小叶复叶，如柑橘等。

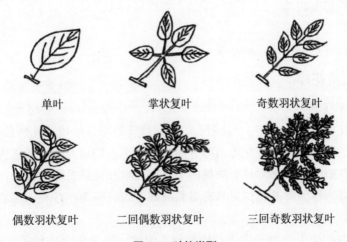

单叶　　　　　　掌状复叶　　　　　　奇数羽状复叶

偶数羽状复叶　　二回偶数羽状复叶　　三回奇数羽状复叶

图1-4　叶的类型

4. 叶序（图1-5）

园林树木的叶序是指叶在茎或枝上着生排列的方式及规律，常见类型如下。

1）互生

每茎节上只有1片叶着生，叶片在茎或枝上交错排列的叶序，如杨、柳、碧桃等。

2）对生

每茎节上有2片叶相对着生的叶序，如桂花、白丁香、红瑞木等。

3）轮生

每茎节上有3个或3个以上叶片轮状着生的叶序，如夹竹桃等。

4）簇生

多数叶片成簇着生于短枝上，如银杏、雪松等。

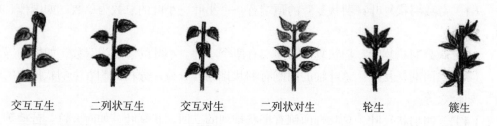

交互互生　　二列状互生　　交互对生　　二列状对生　　轮生　　簇生

图1-5　叶序

5. 叶的变态

除冬芽的芽鳞、花的各部分、苞片及竹箨外，叶还有下列几种变态形式。

1）托叶刺

托叶刺为由托叶变成的刺，如刺槐、枣树等。

2）卷须

由叶片（或托叶）变为纤弱细长的卷须，如爬山虎、五叶地锦的卷须。

3）叶状柄

小叶退化，叶柄成扁平的叶状体为叶状柄，如相思树等。

4）叶鞘

叶鞘由数枚芽鳞组成，包围针叶基部，如松属树木等。

5）托叶鞘

托叶鞘由托叶延伸而成，如木蓼等。

1.1.4　花及花序

1. 花的结构（图1-6）

一般花由花柄、花托、花萼、花冠、雄蕊和雌蕊等部分组成。花柄是枝条的一部分，顶端略为膨大的部分叫花托。花萼由萼片组成，位于花的最外层，通常为绿色。花萼里边为花冠，由花瓣组成，通常具有鲜艳的颜色。花萼和花冠总称为花被，一朵花中只具有花萼或花冠者，称为单被花；只具有雄蕊或雌蕊者，称为单性花，二者均具有的，称为两性花。

雌蕊位于花的中央，由子房、花柱和柱头组成。胚珠发育成种子，在种子植物中，胚珠着生于子房内的植物称为被子植物，如梅、李、桃等；胚珠裸露，不包于子房内的植物称为裸子植物，如松、杉、柏等。

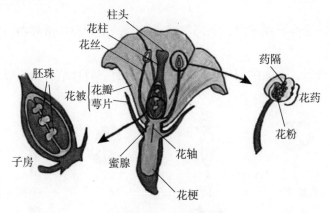

图1-6　花的结构

2. 花的类型

按照花的构造状况花可以分为完全花和不完全花。完全花是指由花萼、花冠、雄蕊和雌蕊四部分组成的花。不完全花是指缺少花萼、花冠、雄蕊和雌蕊中某部分的花。

兼有雄蕊和雌蕊的花称为两性花。仅有雄蕊或雌蕊的花称为单性花，如银杏、核桃等。在单性花中，只有雄蕊、没有雌蕊或雌蕊退化的花称为雄花。只有雌蕊、没有雄蕊或雄蕊退化的花称为雌花。雄花和雌花生于同一植株上的称为雌雄同株，如核桃等。雄花和雌花不生于同一植株上的称为雌雄异株，如银杏等。一株树上兼有单性花和两性花称为杂性花。单性花和两性花生于同一植株的称为杂性同株，分别生于同种不同植株上的称为杂性异株。

3. 花冠的形状（图1-7）

花冠在花的第二轮，位于花萼的内面，通常大于花萼，质较薄，呈各种颜色。常见的花冠形状有以下类型。

1）高脚碟状

花冠下部呈窄筒形，上部花冠裂片突向水平开展，如迎春花等。

2）筒状

花冠大部分合成一个管状或圆筒状，又名管状，如紫丁香等。

3）蝶形

花冠上最大的一片花瓣称为旗瓣，侧面两片较小的叫翼瓣，最下两片，下缘稍合生的，状如龙骨，叫龙骨瓣，如刺槐、槐树花等。

4）舌状

花冠基部成一短筒，上面向一边张开而呈扁平舌状，如菊科某些种头状花序的边缘。

5）漏斗状

花冠下部呈筒状，向上渐渐扩大成漏斗状，如鸡蛋花、黄檀等。

6）钟状

花冠筒宽而稍短，上部扩大成钟形，如吊钟花等。

7）坛状

花冠筒膨大，呈卵形或球形，上部收缩成短颈，花冠裂片微外曲，如柿树的花等。

8）唇形

花冠稍呈二唇形，上面两裂片合生为上唇，下面三裂片结合为下唇，如唇形科植物的花等。

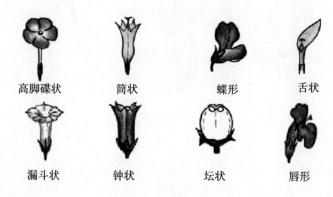

| 高脚碟状 | 筒状 | 蝶形 | 舌状 |

| 漏斗状 | 钟状 | 坛状 | 唇形 |

图 1-7　花冠的形状

4. 花序的类型（图 1-8）

花序是指花在枝条上的排列方式。花有单生的，也有排成花序的，整个花枝的轴叫花轴，而支持这群花的柄叫总花柄，又叫总花梗。按花开放的先后顺序可分为以下三类。

1）无限花序

无限花序是指花序下部的花先开，依次向上开放，或由花序外围向中心依次开放。常见类型如下。

（1）穗状花序：花多数，无梗，排列于不分枝的主轴上，如水青树等。

（2）总状花序：和穗状花序相似，但花有梗，近等长，如刺槐、银桦等。

（3）柔荑花序：由单性花组成的穗状花序，通常花轴细软下垂，开花后（雄花序）或果熟后（果序）整个脱落，如杨柳科植物等。

（4）伞房花序：和总状花序相似，但花梗不等长，最下的花梗最长，向上渐短，使整个花序顶成一平头状，如梨、苹果等。

（5）伞形花序：花集生于花轴的顶端，花梗近等长，如五加科某些种类。

（6）头状花序：花轴短缩，顶端膨大，上面着生许多无梗花，外形呈圆球形，如枫香、喜树等。

（7）肉穗花序：为一种特殊的穗状花序，总轴肉质肥厚，分枝或不分枝，且为一佛焰苞所包被，棕榈科通常属于该类花序。

（8）隐头花序：花聚生于凹陷、中空、肉质的总花托内，如无花果、榕树等。

（9）圆锥花序：花轴上每一个分枝是一个总状花序，又叫复总状花序；有时花轴分枝，分枝上着生二花以上，外形呈圆锥状的花丛，如槐树等。

（10）复花序：花序的花轴分枝，每一分枝又着生同一种的花序，如复总状花序、复伞形花序。

2）有限花序

有限花序是指花序最上部或最中心的花先开，下部或外侧的花后开。

（1）聚伞花序：为有限花序，最中央的花先开，两侧的花后开。

（2）复聚伞花序：花轴顶端着生一花，其两侧各有一分枝，每分枝上着生聚伞花序，或重复连续二歧分枝的花序，如卫矛等。

（3）轮伞花序：茎上端具有对生叶片的各个叶腋处，分别着生有两个细小的聚伞花序，聚花序轴及花梗极短，呈轮状排列，即构成了轮伞花序。

（4）聚伞圆锥花序：是主轴犹如圆锥花序、侧轴为聚伞状花序的一种混合花序。

图 1-8　花序

3）混合花序

混合花序是指有限花序和无限花序混生的花序，即主轴可无限延长，生长无限花序，而侧枝为有限花序。例如，泡桐、滇楸的花序是由聚伞花序排成圆锥花序状，云南山楂的花序是由聚伞花序排成伞房花序状。

1.1.5　果

1. 果的结构

果实是植物开花受精后的子房发育形成的。包围果实的壁称果皮，一般可分为 3 层，最外的一层称外果皮，中间的一层称中果皮，最内一层称内果皮。

2. 果的类型（图1-9）

1）聚合果

聚合果由一花内的各离生心皮形成的小果聚合而成。由于小果类型不同，可分为聚合蓇葖果，如八角属及木兰属等；聚合核果，如悬钩子等；聚合浆果，如五味子等；聚合瘦果，如铁线莲等。

2）聚花果

聚花果是由一整个花序形成的合生果，如桑葚、无花果等。

3）单果

单果是由一花中的一个子房或一个心皮形成的单个果实。主要的单果类型如下。

（1）浆果：由合生心皮的子房形成，外果皮薄，中果皮和内果皮肉质、含浆汁，如葡萄、荔枝等。

（2）荚果：由单心皮上位子房形成的干果，成熟时通常沿背、腹两缝线开裂，或不裂，如蝶形花科、含羞草科等。

（3）核果：外果皮薄，中果皮肉质或纤维质，内果皮坚硬，称为果核。一室一种子或数室数种子，如桃、李等。

（4）坚果：具有一颗种子的干果，果皮坚硬，由合生心皮的下位子房形成，如板栗、榛子等，并常有总苞包围。

（5）瘦果：为一小而仅具一心皮一种子不开裂的干果，如铁线莲等；有时亦有多于一个心皮的，如菊科植物的果实。

（6）翅果：瘦果状带翅的干果，由合生心皮的上位子房形成，如榆树、槭树、杜仲、臭椿等。

（7）蓇葖果：为开裂的干果，成熟时心皮沿背缝线或腹缝线开裂，如银桦、白玉兰等。

（8）蒴果：由两个以上合生心皮的子房形成。开裂方式如下。

① 室背开裂，即沿心皮的背缝线开裂，如橡胶树等。

② 室间开裂，即沿室之间的隔膜开裂，如杜鹃等。

③ 室轴开裂，即室背或室间开裂的裂瓣与隔膜同时分离，但心皮间的隔膜保持联合，如乌桕等。

④ 孔裂，即果实成熟时种子由小孔散出。

⑤ 瓣裂，即以瓣片的方式开裂。

（9）颖果：与瘦果相似，但果皮和种皮愈合，不易分离，有时还包有颖片，如多数竹类。

（10）柑果：浆果的一种，但外果皮软而厚，中果皮和内果皮多汁，由合生心皮上位子房形成，如柑橘类。

（11）梨果：具有软骨质内果皮的肉质果，由合生心皮的下位子房参与花托形成，内有数室，如梨、苹果等。

聚花果（桑）　　浆果（柿）　　荚果（紫荆）　　核果（稠李）　　坚果（山核桃）　　翅果（槭树）

图 1-9　果实的类型

1.1.6　根

1. 根的类型

由幼胚和胚根发育成根，根系是植物的主根和侧根的总称。根系包括直根系和须根系两种类型。

1）直根系

主根粗长，垂直向下，如麻栎、马尾松等。

2）须根系

主根不发达或早期死亡，而由茎的基部发生许多较细的不定根，如棕榈、蒲葵等。

2. 根的变态

1）板根

热带树木在干基和根茎之间形成板壁状凸起的根，如榕树、野生荔枝等。

2）呼吸根

伸出地面或浮在水面用以呼吸的根，如水松、落羽杉的屈膝状呼吸根。

3）附生根

用以攀附他物的不定根，如络石、凌霄等。

4）气生根

生于地面上的根，如榕树从大枝上发生多数向下垂直的根。

5）寄生根

着生在寄主的组织内，以吸收水分和养料的根，如桑寄生、槲寄生等。

学习任务

调查所在校园或居住区、城市公园等环境内的园林树木的形态特征，调查内容包括树种名称、生长习性以及枝、芽、叶、花、果等形态术语类型，绘制形态简图，完成树种形态认知调查报告。

任务分析

该任务要求学生在掌握园林树木形态术语的相关理论知识的前提下，通过实地调研，加强对不同园林树种形态的认知。

任务实施

材料用具：相机、记录本、笔。

实施过程：

（1）调查准备：学习相关理论知识，确定调查对象，制订调查方案。

（2）实地调研：分组调查绿地内各类园林树种的形态特征，拍摄图片，及时记录。

（3）整理调查记录表和图片。

（4）绘制树种的形态简图。

（5）对调查结果进行分析，完成调查报告及 PPT。

（6）组间交流讨论，指导教师点评总结。

任务完成

完成调研分析报告（Word 及 PPT 版），并填写表 1-1。

表 1-1　园林树木形态特征统计表

序号	树种名称	生长习性	分枝方式	叶形特点（单叶/复叶、叶形、叶脉、叶序、叶缘、叶先端、叶基）	单花/花序类型	花形	果实类型
1							
2							
3							
4							
⋮							

任务评价

考核内容及评分标准见表 1-2。

表 1-2　评分标准

序号	评价内容	评价标准	满分	说　明	自评得分	师评得分	互评得分	平均分
1	树种调查	调查过程是否认真	10	①调查态度认真得 7～10 分；②调查态度一般得 5～7 分；③调查敷衍或未调查得 0～5 分				

续表

序号	评价内容	评价标准	满分	说　明	自评得分	师评得分	互评得分	平均分
2	调查报告	分析是否全面、准确	40	①对于不同园林树木的枝芽、叶、花、果等形态特征"分析全面、准确"得31~40分；②"多数分析较全面、错误不多"得21~30分；③"分析不全面、不准确"得20分以下				
3	形态简图绘制	绘制是否准确	30	①形态简图绘制精美、认真得21~30分；②形态简图绘制基本符合树木特征、较准确得11~20分；③形态简图绘制敷衍、不准确得10分以下				
4	结果汇报	PPT制作是否精美，汇报语言是否流利，仪态是否大方、自信	10	①PPT制作精美，汇报语言流利，仪态大方、自信得7~10分；②PPT内容完整，汇报基本完成得5~7分；③PPT制作敷衍，内容不完整，汇报语言不流利得0~5分				
5	小组合作	组内分工是否合理，成员配合默契程度	10	①组员分工明确、配合默契得8~10分；②组员分工基本合理，配合一般得5~8分；③组员未分工，互相推诿得0~5分				

任务 1.2　园林树木观赏和应用基础

理论认知

1.2.1　园林树木的观赏特性

园林树木独特的形态给人以美的享受，这使得园林树木在景观营造中占据了重要地位。园林树木的观赏特性主要表现在形态、色彩等方面，以个体美或群体美的形式构成园林景观的主体，令人赏心悦目。

1. 树形的观赏性

树形是构景的基本因素之一，树形由树冠及树干组成，树冠由一部分主干、主枝、侧枝及叶组成。不同的树种其树形各异，主要由树种的遗传特性和人工养护管理等外界环境因素决定。

一般某种树的树形，是指在正常的生长环境下其成年树呈现的外貌。通常，园林树木的树形可分为圆柱形、塔形、圆锥形、卵形、钟形、球形等（图1-10）。不同的树形给人以不同的视觉感受，其中，尖塔形及圆锥形树冠的树木，给人以庄严肃穆之感；圆柱形狭窄树冠的树木，给人以高耸静谧之感；圆盾、钟形树冠的树木，则较为雄伟浑厚。

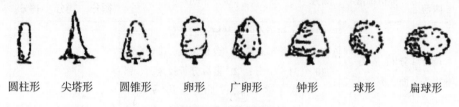

圆柱形　　尖塔形　　圆锥形　　卵形　　广卵形　　钟形　　球形　　扁球形

图 1-10　树木的树形

2. 叶的观赏性

园林树木的叶拥有丰富多彩的外貌。一般而言，叶的观赏特性主要包括以下几方面。

1）叶的大小、形状

按照树叶的大小和形态，可将叶形分为大型叶类、中型叶类及小型叶类三大类。大型叶类叶片巨大，但叶片数量不多，如巴西棕等；小型叶类叶片狭窄，细小或细长，叶片长度远超过宽度，如麻黄、柽柳、侧柏等；中型叶类叶片宽阔，大小介于小型叶类与大型叶类之间。一般来说，产于热带湿润气候的植物叶片较大，如芭蕉、棕榈等；产于寒冷干燥地区的植物叶片多较小，如榆、槐等。

不同的叶片形状与大小，产生不同的观赏特性。例如，棕榈、蒲葵、龟背竹等均具有浓厚的热带风情，大型的羽状叶则较易营造出轻快、洒脱之感，产于温带的合欢其叶形则呈现出轻盈秀丽的效果。

2）叶的质地

不同的叶片质地产生的质感大不相同，如革质的叶片，具有较强的反光能力，由于叶片较厚、颜色较暗，故有光影闪烁的效果。纸质、膜质叶片，常呈半透明状，给人以恬静之感；而粗糙多毛的叶片，则多富野趣。

3）叶的色彩

叶的色彩变化丰富，在叶的观赏特性中，叶色的观赏价值最高，它决定了树木色彩的类型和基调，被认为是园林色彩的主要创造者。园林树木根据叶色的特点可分为以下几类。

（1）基本叶色类。绿色是叶子的基本颜色，仔细观察则有嫩绿、鲜绿、黄绿、褐绿、蓝绿、墨绿、亮绿、暗绿等差异。一般来说，各类树叶绿色由深至浅的顺序，大致为常绿针叶树＞常绿阔叶树＞落叶树。

（2）春色叶类及新叶有色类。树木的叶色常因季节的不同而发生变化，春季新发的嫩叶有明显的不同叶色，统称为春色叶树，如臭椿、七叶树的春叶呈紫红色等。有些常绿树的新叶不限于春季发生，一般称为新叶有色类。对许多常绿的春色叶树种而言，新叶初展时，色泽十分艳丽，能产生类似开花的观赏效果。

（3）秋色叶类。凡在秋季叶色比较均匀一致、持续时间长、观赏价值高的树种，均称为秋色叶树。秋季叶色的变化体现出极富韵味的秋色美景，秋色叶树种的应用是园林植物造景的重要环节。秋叶呈红色或紫红色类的，如鸡爪槭、乌桕、枫香、地锦、黄栌等；秋叶呈黄色或黄褐色的，如银杏、水杉、鹅掌楸、金钱松等。

（4）双色叶类。一些树种其叶背与叶表的颜色显著不同，这类树种称为双色叶树，如胡颓子、栓皮栎、红背桂等。

（5）斑色叶类。一些树种叶上具有两种以上颜色，以一种颜色为底色，叶上有斑点或花纹，这类树种称为斑色叶树，如洒金桃叶珊瑚、金边大叶黄杨、变叶木、花叶络石等。

3. 花的观赏性

1）花形与花色

园林树木的花朵有各式各样的形状和大小，在色彩上更是千变万化，层出不穷。单朵的花又常排聚成大小不同、式样各异的花序。而花器和其附属物的变化，增添了花朵的观赏价值。例如，金丝桃花朵上的金黄色小蕊，长长地伸出于花冠之外；金链花的黄色蝶形花，组成了下垂的总状花序；带有白色巨苞的珙桐花等，都给人留下了深刻的印象。

此外，人民的长期劳动创造出了园林树木的许多珍贵品种，这就更丰富了自然界的花形。有的甚至变化得令人无法辨认。例如，牡丹、月季、茶花、梅花等，都有着大异于原始花形的各种变异。

除花序、花形之外，色彩效果就是最主要的观赏要素了。花色变化极多，现将几种基本颜色花朵的观花树木列举于下。

（1）红色系：榆叶梅、贴梗海棠、石榴、山茶、杜鹃花、夹竹桃、毛刺槐、合欢、木棉、凤凰木、扶桑、刺桐、一串红、鸡冠花、凤仙花、茑萝、虞美人等。

（2）黄色系：迎春、连翘、棣棠、黄刺玫、黄蝉、金丝桃、小檗、黄花夹竹桃、金花茶、米兰、栾树、金盏菊、万寿菊、大花萱草、一枝黄花、金鸡菊等。

（3）蓝紫色系：紫藤、紫丁香、木兰、毛泡桐、蓝花楹、荆条、醉鱼草、假连翘、蓝雪花、桔梗、紫菀、大花飞燕草、紫萼、葡萄风信子等。

（4）白色系：白鹃梅、珍珠梅、太平花、栀子花、玉兰、流苏树、笑靥花、菱叶绣线菊、欧洲琼花、山楂、刺槐、霞草、香雪球、玉簪、铃兰、晚香玉等。

2）花的芳香

花的芳香可分为清香（茉莉、九里香、荷花等）、淡香（玉兰、梅花、素方花、香雪球、铃兰等）、甜香（桂花、米兰、含笑、百合等）、浓香（白兰花、玫瑰、依兰、玉簪、晚香玉等）、幽香（树兰、蕙兰等）等种类，把不同种类的芳香植物栽植在一起，组成"芳香园"，必能带来更好的效果。

3）花相

花的观赏效果不仅由花朵或花序本身的形貌、色彩、芳香而定，还与其在树上的分布、叶簇的陪衬关系以及着花枝条的生长习性密切相关。通常将花或花序着生在树冠上的整体表现形貌，特称为"花相"。园林树木的花相，从树木开花时有无叶簇的存在而言，可分为纯式和衬式两种形式。"纯式"是指在开花时，叶片尚未展开，全树只见花不见叶；"衬式"是指在展叶后开花，全树花叶相衬。

现将树木的不同花相分述如下。

（1）独生花相：本类较少、形较奇特，如苏铁类。

（2）线条花相：花排列于小枝上，形成长形的花枝。呈纯式线条花相者有连翘、金钟花等；呈衬式线条花相者有珍珠绣球等。

（3）星散花相：花朵或花序数量较少，且散布于全树冠各部。衬式星散花相者如珍珠梅、鹅掌楸等。纯式星散花相种类较多，花数少而分布稀疏，花感不烈，但也疏落有致。

（4）团簇花相：花朵或花序形大而多，就全树而言，花感较强烈，但每朵或每个花序的花簇仍能充分表现其特色。呈纯式团簇花相的有玉兰、木兰等。属于衬式团簇花相的以大绣球为典型代表。

（5）覆被花相：花或花序着生于树冠的表层，形成覆伞状。属于本花相的树种，纯式有绒叶泡桐、泡桐等，衬式有广玉兰、七叶树、栾树等。

（6）密满花相：花或花序密生于全树各小枝上，使树冠形成一个整体的大花团，花感最为强烈，纯式如榆叶梅等。衬式如火棘等。

（7）干生花相：花着生于茎干上，如槟榔、枣椰、鱼尾葵、木菠萝、紫荆等。

4. 果实的观赏性

许多果实既有很高的经济价值，又有突出的美化作用。园林中为了观赏而选择观果树种时，主要须注意形与色两个方面。

一般果实的形状以奇、巨、丰为准。果实的颜色则丰富多彩，一般果实的色彩有如下几类。

（1）红色系：山桐子、山楂、冬青、海棠果、南天竹、枸骨、火棘、金银木、枸杞、毛樱桃等。

（2）黄色系：木瓜、银杏、梨、海棠花、柚、枸橘、沙棘、贴梗海棠、金橘、假连翘、扁担杆等。

（3）蓝紫色系：紫珠、葡萄、十大功劳、蓝果忍冬、海州常山等。

（4）白色系：红瑞木、芫花、雪果、湖北花楸等。

（5）黑色系：金银花、女贞、地锦、君迁子、五加、刺楸、鼠李等。

此外，在选用观果树种时，最好选择果实不易脱落且浆汁较少的树种，以便长期观赏。

5. 枝干的观赏性

树木的枝条、树皮、树干以及刺毛的颜色、类型，都具有一定的观赏价值。这类树木的枝干或具有独特的风姿，或具有奇特的色彩，或具有奇异的附属物等。

1）枝

树木的枝条除直接影响树形外，其颜色也具有一定的观赏意义。枝条具有美丽色彩的树木称为观枝树种。其中，可供观赏的枝条红色的树种有红瑞木、野蔷薇、杏、山杏等，枝条古铜色的树种有山桃等，枝条青翠碧绿色的树种有梧桐、棣棠、青榨槭等。

2）干皮

树木的干皮也具有一定的观赏价值。就树皮的外形而言，主要可分为以下几类。

（1）树皮形态，具体如下。

① 光滑树皮：表面平滑、无裂纹，许多青年期树木的树皮大抵均呈平滑状，典型的有胡桃幼树、柠檬桉等。

② 横纹树皮：表面呈浅而细的横纹状，如山桃、桃、樱花等。

③ 片裂树皮：表面呈不规则的片状剥落，如白皮松、悬铃木、木瓜、榔榆等。

④ 丝裂树皮：表面呈纵而薄的丝状脱落，如青年期的柏类等。

⑤ 纵裂树皮：表面呈不规则的纵条状或近似于人字状的浅裂，多数树种均属于此类。

⑥ 纵沟树皮：表面纵纹较深，呈纵条状或近似于人字状的深沟，如老年的胡桃、板栗等。

⑦ 长方裂纹树皮：表面呈长方形的裂纹，如柿、君迁子等。

⑧ 粗糙树皮：表面既不平滑，又无较深沟纹，而且呈不规则脱落的粗糙状，如云杉等。

（2）干皮色彩。树干的皮色对美化起着很大的作用。例如，在街道上选用白色树干的树种，可产生较好的美化效果。

6. 刺、毛的观赏性

很多树木的刺、毛等附属物，也有一定的观赏价值，如皂荚树干的分枝刺、江南槐小枝的刚毛、刺楸干上的皮刺等。

1.2.2　园林树木的配植

1. 园林树木配植的原则

园林树木在不同地区，由于不同的目的、要求，可有多种多样的组合与种植方式，具体的配置原则如下。

1）满足生态适应性原则

不同的园林树种在生长发育过程中，对光照、温度、水分、空气等环境因素有着不同的要求。在进行园林树木配植时，只有满足园林树木的这些生态要求，才能使其正常生长。

要满足园林树木的生态要求，一是要适地适树，即根据园林绿地的生态环境条件，选择与之相适应的园林树木种类，使园林树木所要求的生态习性与栽植地点的环境条件一致或基本一致。只有做到适地适树，才能创造出相对稳定的人工植被群落，才不会因环境不适应而造成经济损失。二是要合理配植，从树木的生态习性、观赏价值及周围环境的协调性等方面来考虑。在平面设计上要有合理的种植密度，使树木有足够的营养空间和生长空间，从而形成较为稳定的群体结构。在空间设计上也要考虑树种的生物特性，注意将喜光与耐阴、速生与慢生、深根性与浅根性等不同类型的树种合理地搭配，在满足树木生态条件下创造出稳定的植物景观。

2）满足功能性原则

首先要从园林的主题、立意和功能出发，选择适当的树种和方式来表现主题，体现设计意境，满足园林的功能要求。各种各样的园林绿地，因其设计目的的不同，主要功能要求也不一样。例如，以提供绿荫为主的行道树地段，应选择冠大荫浓、生长快的树种，并按列植方式配植在行道两侧，形成林荫路；以美化为主的路段，应选择树形、叶、花或果实具有较高观赏价值的树种，以丛植或列植方式在行道两侧形成观赏带，同时还要注意季相的变化，尽量做到四季有花、四季有绿。城市综合性公园，应从其多种功能出发，选择浓荫蔽日、姿态优美的孤植树和色彩艳丽的花冠丛，还要有供集体活动的大草坪，以及为满足安静休息需要的疏林草地和密林等。总之，园林中的树木花草都要最大限度地满足园林绿地的实用功能和防护功能的要求。

（1）选择树种时要注意满足其主要功能。树木具有改善、防护、美化环境等功能，但在园林树木中应特别突出该树种所发挥的主要功能。如行道树，要考虑树形美观，但树冠高大整齐、叶密荫浓、生长迅速、根系发达、抗性强、耐土壤板结、抗污染、病虫害少、耐修剪、发枝力强、寿命长则是其主要的功能要求，具有这些特性的树种是行道树的首选树种。

（2）选择园林树木时，需要注意与发挥主要功能有直接关系的生物学特性，并切实了解其影响因素。以庭荫树为例，不同树木遮阴效果的好坏与其荫质优劣和荫幅的大小成正比，荫质的优劣又与树冠的疏密度、叶片的大小、质地和叶片不透明度的强弱成正比。其中树冠的疏密度和叶片的大小起主要作用。如银杏、悬铃木等树种荫质好，而垂柳、国槐等树种荫质差，前两者的遮阴效果为后两者的两倍以上。因此，在选择庭荫树时，一般不选择垂柳和国槐。

（3）树木的卫生防护功能除树种之间有差异外，还和树种的搭配方式及林带的结构有关。如防风林带以半透风结构效果为最好，而滞尘带则以紧密结构最为有效。

3）满足美观原则

园林树木不论在园林中用于何种目的，均应因地制宜、合理布局，强调整体的协调一致，考虑平面和立面构图、色彩、季相的变化，以及与水体、建筑等其他园林构成要素的配合，并注意不同形式之间的过渡。如群植以高大乔木居中为主体和背景，以小乔木为外缘，外围和树下配以花灌木，林冠线和林缘线宜曲折丰富，栽植宜疏密有致。

4）满足统一性原则

观赏树种要与园林的地形、地貌结合起来，取得景象的统一性。通过树种的选择，可以改变地形或突出地形，如在起伏地形处的观赏树木，高处栽大乔木，低处配矮灌木，可突出地形的起伏感，反之则有平缓的感觉。在起伏地形处的观赏树木，还应考虑衬托或加强原地形的协调关系。

5）满足经济原则

在发挥园林树木主要功能的前提下，要尽量降低树木的成本。降低树木成本的途径有三种：①节约并合理使用名贵树种，多用乡土树种；②尽可能用小苗；③适地适树。园林结合生产，主要是指种植有食用、药用价值及可提供工业原料的经济树木，如花繁果多、易采收、供药用的有凌霄、七叶树、紫藤等，结果多而病害少的果树有荔枝、枣、柿、山楂等。

园林树木的总体配植原则是因景制宜，以便创造园林空间的置景题材的变化、空间形体的变化、色彩季相的变化和意境上的诗情画意；力求符合功能上的综合性、生态上的科学性、经济上的合理性等要求。在实际工作中，要综合考虑，先进行总体规划，再进行局部设计，并力求体现具有特色的地方风格。

2. 园林树木的配植方式

1）规则式

园林树木规则式的配植方式是指植株的株行距和角度按照一定的规律进行种植。

（1）对植。对植常用在建筑物前、大门入口处，利用两株树形整齐美观的树种，左右相对地配植。

（2）列植。是指树木呈行列式种植。列植有单列、双列、多列等方式，其株距与行距可以相同，亦可以不同，多用于道路上行道树、植篱、防护林带、整形式园林的透视线、果园、造林地。这种方式有利于通风透光，便于机械化管理。

（3）三角形种植。三角形种植有等边三角形种植或等腰三角形种植等方式。实际上在大片种植后仍形成变体的行列式。等边三角形种植方式有利于树冠和根系对空间的充分利用。

（4）中心种植。中心种植包括单株种植及单丛种植。

（5）圆形种植。圆形种植包括环形、半圆形、弧形，以及双环、多环、多弧等富于变化的方式。

（6）多角形种植。多角形种植包括单星、复星、多角星、非连续多角形等种植。

（7）多边形种植。多边形种植包括各种连续和非连续的多边形种植。

2）自然式

园林树木自然式的配植方式也称不规则式。

（1）孤植。为突出显示树木的个体美，常采用孤植。采用孤植的树种通常为体形高大雄伟或姿态奇异的树种，或花、果的观赏效果显著的树种。一般为单株树种，又称孤赏树（独赏树、孤植树），对某些种类则呈单丛种植。孤植的目的是充分表现其个体美，所以种植的地点不能只注意树种本身，还必须考虑其与环境间的对比及烘托关系。一般应选择开阔空旷的地点，如大片草坪上、花坛中心、道路交叉点、道路转折点、缓坡、平阔的湖池岸边等处。用做孤植的树种有雪松、白皮松、油松、圆柏、侧柏、冷杉、云杉、银杏、南洋杉、悬铃木、七叶树、臭椿、枫香、槐、金钱松、樟树、广玉兰、玉兰、海棠、樱花、梅花、山楂、木棉等。

（2）对植。对植即对称种植大致相等数量的树木，多应用于园门、建筑物入口、广场或桥头的两旁。在自然式种植中，对植不要求绝对对称，但应保持形态的均衡。

（3）丛植。丛植是指由两三株至一二十株同种类的树种较紧密地种植在一起，其树冠线彼此密接而形成一个整体外轮廓线。树木前后、左右呼应，前树不挡后树，是园林中普遍应用的方式，可用作主景或配景，也可以做背景或隔离措施。丛植配植宜自然，符合艺术构图规律，既能表现植物的群体美，也能表现树种的个体美。

（4）群植。群植是指由二三十株至数百株的乔、灌木成群地种植，这个群体称为树群，可由单一树种或多个树种组成，占地较大，在园林中可做背景、伴景用，在自然风景区中亦可做主景。两组树群相邻时又可起到透景、框景的作用。树群不但有形成景观的艺术效果，还有改善环境的效果。在群植时应注意树群的林冠线及色相、季相效果，更应注意树木间的生态习性关系，以保持较长时间的相对稳定性。

（5）林植。林植是指由较大面积、多株相同种类或不同种类的树种成林地种植。工矿区的防护带、城市外围的绿化带及自然风景区中的风景林等，常采用此种方式。除防护带应以防护功能为主外，一般要特别注意群体的生态习性关系及养护要求。林植通常有纯林、混交林等结构。在自然风景游览区中进行林植时，应以营造风景林为主，应注意林冠线的变化、疏林和密林的变化、群体内及群体与环境间的关系，以及按照园林休憩游览的要求留有一定大小的林间空地等措施。

（6）散点植。散点植是指以单株在一定面积上进行有韵律、节奏的散点种植，有时也可以双株或三株的丛植作为一个点来进行疏密有致的扩展。对每个点不是如独赏树般地予以强调，而是着重点与点间有呼应的动态联系。

3）混合式

在一定单位面积上采用规则式与不规则式相结合的方式称为混合式。此种方式目前较为普遍，因为自然式与规则式各有利弊，相互结合，取长补短，更能突出园林的景观特点，但实践中应根据需要和具体情况合理确定种植方式。

学习任务

选取若干种熟悉的树种作为调查对象，调查其配置形式和观赏特性，完成调查报告（Word 和 PPT 格式），要求图文并茂。

任务分析

该任务要求学生在掌握园林树木的观赏特性和配植应用的相关理论知识的前提下，通过实地调研完成调研报告。

任务实施

材料用具： 相机、记录本、笔。

实施过程：

（1）调查准备：学习相关理论知识，确定调查对象，制订调查方案。

（2）实地调研：分组调查绿地内各类园林树种的观赏特性及应用配植现状，拍摄图片，及时记录。

（3）整理调查记录表和图片。

（4）对调查结果进行分析，完成调查报告及 PPT。

（5）组间交流讨论，指导教师点评总结。

任务完成

完成调研分析报告（Word 及 PPT 版），并填写表1-3。

表 1-3　园林树木观赏特性与应用情况统计表

序号	树种名称	观赏部位	观赏特性	配置形式	备注
1					
2					
3					
4					
⋮					

任务评价

考核内容及评分标准见表1-4。

表 1-4　评分标准

序号	评价内容	评价标准	满分	说　明	自评得分	师评得分	互评得分	平均分
1	树种调查	调查过程是否认真	10	①调查态度认真得 7～10 分；②调查态度一般得 5～7 分；③调查态度敷衍或未调查得 0～5 分				
2	调查报告	分析是否全面、准确	70	①"分析全面、准确"得 61～70 分；②"多数分析较全面、错误不多"得 41～60 分；③"分析不全面、不准确"得 40 分以下				
3	结果汇报	PPT 制作是否精美，汇报语言是否流利，仪态是否大方、自信	10	① PPT 制作精美，汇报语言流利，仪态大方、自信得 7～10 分；② PPT 内容完整，汇报基本完成得 5～7 分；③ PPT 制作敷衍，内容不完整，汇报语言不流利得 0～5 分				
4	小组合作	组内分工是否合理，成员配合默契程度	10	①组员分工明确、配合默契得 8～10 分；②组员分工基本合理，配合一般得 5～8 分；③组员未分工，互相推诿得 0～5 分				

项目2 落叶乔木的识别与应用

　　落叶乔木是指每年秋冬季节或干旱季节叶全部脱落的乔木。落叶乔木在园林绿化中占有重要地位，用途非常广泛，可用作行道树、庭荫树、园景树等。落叶乔木具有明显的季相特点，落叶树种的叶色常因季节的不同发生明显变化，这些变化在园林造景中起着举足轻重的作用。根据园林绿化工作实践，以实用为目的，本项目将落叶乔木的识别与应用设计为三个任务，包括落叶乔木的识别、落叶乔木的园林应用调查、落叶乔木树种优化方案的制订。

知识目标

　　（1）掌握常见落叶乔木识别的要点。
　　（2）掌握常见落叶乔木的观赏特性和园林的应用特点。
　　（3）熟悉落叶乔木的生态习性和养护要点。

能力目标

　　（1）能够识别常见落叶乔木50种以上。
　　（2）能够根据落叶乔木的观赏特点、植物文化和生态习性进行合理地应用。
　　（3）能够根据具体绿地性质进行合理配置。

素质目标

　　（1）提升对园林植物景观的艺术审美能力。
　　（2）培养分析问题、解决问题的能力。
　　（3）提升小组分工合作、沟通交流的能力。

任务 2.1　落叶乔木的识别

学习任务

　　调查所在校园或居住区、城市公园等环境内的落叶乔木种类（不少于50种），调查内容包括调查地点落叶乔木树种名录、主要识别特征等，完成落叶乔木树种识别调查报告。

任务分析

该任务要求学生在掌握常见落叶乔木的识别特征的前提下，通过实地调研完成调研报告。

任务实施

材料用具： 植物检索工具书、形色、花伴侣等识别软件、相机、记录本、笔。

实施过程：

（1）调查准备：学习相关理论知识，确定调查对象，制订调查方案。

（2）实地调研：教师现场讲解，指导学生识别。学生分组活动，调查绿地内落叶乔木的种类，记录每种树木的名称、科属、典型识别特征，拍摄树木整体形态和局部细节图片。

（3）整理调查记录表和图片，完成调查报告及 PPT。

（4）组间交流讨论，指导教师点评总结。

任务完成

完成调研分析报告（Word 及 PPT 版），并填写表 2-1。

表 2-1　落叶乔木种类统计表

序号	树种名称	拉丁学名	典型识别特征	备注
1				
2				
3				
4				
⋮				

任务评价

考核内容及评分标准见表 2-2。

表 2-2 评分标准

序号	评价内容	评价标准	满分	说　明	自评得分	师评得分	互评得分	平均分
1	树种调查	调查过程是否认真	10	①调查态度认真得 9~10 分；②调查态度一般得 6~8 分；③调查敷衍或未调查得 0~5 分				
2	调查报告	完成态度，分析是否全面、准确	70	①报告中包含 50 种以上落叶乔木，对树种识别特征描述全面、准确，图文并茂，图片包含整体树形和局部细节图，得 61~70 分；②基本能识别 50 种左右落叶乔木，树种识别特征描述基本准确，但调研报告完成态度敷衍，拍摄图片无法体现典型识别特征，得 51~60 分；③报告中落叶乔木种类远小于 50 种，树种识别特征描述错误较多，得 50 分以下				
3	结果汇报	PPT 制作是否精美，汇报语言是否流利，仪态是否大方、自信	10	① PPT 制作精美，汇报语言流利，仪态大方、自信得 9~10 分；② PPT 内容完整，汇报基本完成得 6~8 分；③ PPT 制作敷衍，内容不完整，汇报语言不流利得 0~5 分				
4	小组合作	组内分工是否合理，成员配合默契程度	10	①组员分工明确、配合默契得 9~10 分；②组员分工基本合理，配合一般得 6~8 分；③组员未分工，互相推诿得 0~5 分				

任务 2.2　落叶乔木的园林应用调查

学习任务

调查所在校园或居住区、城市公园等环境内的落叶乔木的园林应用形式和观赏特征，完成落叶乔木园林应用调查报告。

任务分析

该任务要求学生在掌握常见落叶乔木的园林应用形式及观赏特征的前提下，通过实地调研完成调研报告。

任务实施

材料用具： 相机、记录本、笔。

实施过程：

（1）调查准备：学习相关理论知识，确定调查对象，制订调查方案。

（2）实地调研：分组调查绿地内落叶乔木的主要观赏部位、观赏特征以及园林应用形式，拍摄图片，及时记录。

（3）整理调查记录表和图片。

（4）对调查结果进行分析，完成调查报告及 PPT。

（5）组间交流讨论，指导教师点评总结。

任务完成

完成调研分析报告（Word 及 PPT 版），绘制现有树种分布草图，并填写表 2-3。

表 2-3　落叶乔木种类统计表

序号	树种名称	主要观赏部位及特征	园林应用形式	备注
1				
2				
3				
4				
⋮				

任务评价

考核内容及评分标准见表 2-4。

表 2-4　评分标准

序号	评价内容	评价标准	满分	说　明	自评得分	师评得分	互评得分	平均分
1	树种调查	调查过程是否认真	10	①调查态度认真得 9~10 分；②调查态度一般得 6~8 分；③调查敷衍或未调查得 0~5 分				

续表

序号	评价内容	评价标准	满分	说明	自评得分	师评得分	互评得分	平均分
2	调查报告	完成态度，分析是否全面、准确	70	①调查报告完成态度认真，对观赏特征、园林应用形式分析全面、准确，图文并茂得61~70分；②调查报告完成态度一般，对观赏特征、园林应用形式分析基本准确得51~60分；③调查报告完成态度敷衍，对观赏特征、园林应用形式分析片面、不准确，图文不符得50分以下				
3	结果汇报	PPT制作是否精美，汇报语言是否流利，仪态是否大方、自信	10	①PPT制作精美，汇报语言流利，仪态大方、自信得9~10分；②PPT内容完整，汇报基本完成得6~8分；③PPT制作敷衍，内容不完整，汇报语言不流利得0~5分				
4	小组合作	组内分工是否合理，成员配合默契程度	10	①组员分工明确、配合默契得9~10分；②组员分工基本合理，配合一般得6~8分；③组员未分工，互相推诿得0~5分				

任务 2.3　落叶乔木树种优化方案的制订

学习任务

对校园或居住区、城市公园进行绿化提升与树种优化，重点掌握如何合理选择落叶乔木以丰富季相景观。

任务分析

本任务要从了解场地环境特点、自然条件和树种选择要求开始，深入调查和研究能够适合场地环境应用特色的落叶乔木种类，制订落叶乔木树种优化方案。树种选择应突出落叶乔木观赏特征以及与绿化环境的适应性。

任务实施

材料用具：相机、记录本、笔。

实施过程：

（1）调查准备：确定学习任务小组分工，明确任务，制订任务计划；整理校园或居住区、城市公园自然条件的相关资料。

（2）实地调研：调查校园或居住区、城市公园内的落叶乔木生长环境及园林景观效果。

（3）根据调研结果，分析校园或居住区、城市公园内的落叶乔木生长环境是否符合其生态习性要求，落叶乔木观赏特性的应用是否合理，对应用不合理的落叶乔木提出替代树种，从而制订落叶乔木树种优化方案。

（4）完成调研报告及 PPT。

（5）组间交流讨论，指导教师点评总结。

任务完成

（1）完成调研报告：落叶乔木树种优化方案（Word 版）。

（2）制作 PPT 并进行方案汇报。

任务评价

考核内容及评分标准见表 2-5。

表 2-5 评分标准

序号	评价内容	评价标准	满分	说　明	自评得分	师评得分	互评得分	平均分
1	场地调研	调查过程是否认真	10	①调查态度认真得 9～10 分；②调查态度一般得 6～8 分；③调查敷衍或未调查得 0～5 分				
2	调查报告	完成态度，分析是否全面、准确	40	①调查报告完成态度认真，对落叶乔木应用情况分析全面、准确，图文并茂得 31～40 分；②调查报告完成态度一般，对落叶乔木应用情况分析基本准确得 21～30 分；③调查报告完成态度敷衍，对落叶乔木应用情况分析片面、不准确，图文不符得 20 分以下				

续表

序号	评价内容	评价标准	满分	说　明	自评得分	师评得分	互评得分	平均分
2	调查报告	落叶乔木树种优化是否合理	30	①落叶乔木树种选择符合当地生态条件要求，观赏特性应用合理，景观效果好得 21～30 分；②落叶乔木树种选择基本符合当地生态条件，但景观效果较差得 11～20 分；③落叶乔木树种选择不符合当地生态条件要求得 10 分以下				
3	结果汇报	PPT 制作是否精美，汇报语言是否流利，仪态是否大方、自信	10	① PPT 制作精美，汇报语言流利，仪态大方、自信得 9～10 分；② PPT 内容完整，汇报基本完成得 6～8 分；③ PPT 制作敷衍，内容不完整，汇报语言不流利得 0～5 分				
4	小组合作	组内分工是否合理，成员配合默契程度	10	①组员分工明确、配合默契得 9～10 分；②组员分工基本合理，配合一般得 6～8 分；③组员未分工，互相推诿得 0～5 分				

理论认知

金钱松 *Pseudolarix amabilis*（图 2-1 和图 2-2）

【科属】松科，金钱松属

【识别要点】落叶乔木，树冠呈阔圆锥形。树干通直，树皮灰褐色深裂，长片状剥落。有长短枝，一年生枝淡红褐色、无毛，有光泽。叶为条形、扁平、鲜绿色，秋后金黄色。叶在长枝上互生，短枝上轮状簇生。球花生于短枝顶端。球果当年成熟，直立，卵圆形，成熟时呈淡红褐色。种子呈卵圆形，淡黄色，有光泽。

【分布范围】产于江苏、安徽南部、福建北部、浙江、江西、湖南、湖北利川市至重庆万州区交界的地区，海拔 1500m 以下山地，散生在针、阔叶混交林中。

【主要习性】喜光树种，幼树稍耐阴，喜湿润的气候，耐寒，喜深厚肥沃、排水良好的砂质土壤，深根性，有菌根，不耐旱，不耐积水，抗风能力强，抗雪压，生长速度中等而偏慢，寿命长。

【养护要点】属于有真菌共生的树种，菌根多对生长有利，播种后最好用菌根土覆土。

【观赏与应用】金钱松的树姿优美，秋叶金黄，是名贵的庭院观赏树种；与南洋杉、雪松、日本金松、巨杉合称为世界五大庭院树种；可孤植或丛植在草坪一角或池边、溪旁、瀑口，也可列植做园路树，与各种常绿针、阔叶树种混植点缀秋景；从生长角度而言，以群植成纯林为好，幼苗、幼树是常用的盆景材料。

图 2-1 金钱松（形）　　　　　　　　　图 2-2 金钱松（叶）

水杉 *Metasequoia glyptostroboides*（图 2-3 至图 2-5）

【科属】杉科，水杉属

【识别要点】落叶乔木，幼树树冠呈尖塔形，老树呈广圆头形。树干基部膨大。树皮灰褐色或深灰色。大枝斜上伸展，近轮生，小枝对生或近对生，下垂，枝条层层舒展。叶为扁平条形，柔软，对生，在侧枝上排成羽状，冬季叶和小枝一起脱落。花期 2—3 月。球果下垂，深褐色，近球形，具长柄，当年成熟，果期 10—11 月。种子呈倒卵形，扁平，周围有狭翅。

【分布范围】水杉有植物界的"活化石"之称，是我国特有的古老稀有的珍贵树种。天然分布仅见于四川石柱县、湖北恩施水杉坝一带及湖南龙山等地。

【主要习性】喜光，喜温暖湿润的气候，有一定的抗寒性，北京能露地越冬，但要栽植在背风向阳处。水杉喜欢深厚肥沃的酸性土壤，要求排水良好，较耐盐碱，对二氧化硫等有害气体抗性较弱。

【养护要点】生长期可施追肥，苗期可适当修剪，4 年后不要修剪，以免破坏树形。小苗栽植用泥浆，大苗栽植需带土球。春季栽植成活率高。

【观赏与应用】水杉树干通直挺拔，入秋后叶色呈棕褐色，是著名的庭院观赏树种。

水杉可于公园、庭院、草坪、绿地中孤植或列植，也可成片栽植，营造风景林，并适配常绿地被植物；还可栽于建筑物前或用作行道树，效果均佳。

图2-3 水杉（形） 　图2-4 水杉（干） 　　图2-5 水杉（叶、果）

池杉 *Taxodium distichum* var. *imbricarium*（图2-6至图2-8）

【科属】杉科，落羽杉属

【识别要点】落叶乔木，在原产地高达25m；树干基部膨大，常有屈膝状的呼吸根。树皮褐色，纵裂，成长条片脱落；枝向上展，树冠常较窄，呈尖塔形；当年生小枝绿色，细长，常略向下弯垂，2年生小枝褐红色。叶多钻形，略内曲，常在枝上螺旋状伸展，下部多贴近小枝，基部下延，长4~10mm，先端渐尖，上面中脉略隆起，下面有棱脊，每边有气孔线2~4条。球果圆球形或长圆状球形，有短梗，向下斜垂，熟时褐黄色。种子为不规则三角形，略扁，红褐色，长1.3~1.8cm，边缘有锐脊。花期3—4月，球果10—11月成熟。

【分布范围】我国自20世纪初引进至南京、南通及鸡公山等地，后又引至杭州、武汉、庐山、广州等地，现已在许多城市，尤其是长江南北水网地区作为重要造树和园林树种。

【主要习性】喜温暖湿润气候和深厚疏松之酸性、微酸性土。强喜光性，不耐阴、耐涝、又较耐旱。对碱性土颇敏感，pH达7.2以上时，即可发生叶片黄化现象。枝干富韧性，加之冠形窄，故抗风力颇强。萌芽力强。速生树种。

【养护要点】抚育管理以干旱季节注意浇水为主，并适当中耕、除草、施肥或间作绿肥作物。池杉病虫害较少，主要有避债虫等，可及时摘除烧毁，或在初龄幼虫期用敌百虫800~1000倍液喷射，收效良好。幼林郁闭后，应及时间伐抚育。

【观赏与应用】池杉树形优美，枝叶秀丽，秋叶呈棕褐色，是观赏价值很高的园林树种，特别适合水滨湿地成片栽植、孤植或丛植为园景树，也可构成园林佳景。此树生长快，抗性强，适应地区广，材质优良，加之树冠狭窄，枝叶稀疏，荫蔽面积小，耐水湿，抗风力强，故特适宜在长江流域及珠江三角洲等农田水网地区、水库附近以及"四旁"造林绿化，以供防风、防浪并生产木材等用。

图 2-6　池杉（形）

图 2-7　池杉（干）

图 2-8　池杉（叶）

银杏 *Ginkgo biloba*（图 2-9 至图 2-11）

【科属】银杏科，银杏属

【识别要点】落叶乔木，高达 40m，树干端直，树冠呈广卵形。幼树树皮较平滑，浅灰色，大树树皮灰褐色，不规则纵裂，有长枝与生长缓慢的短枝。叶为扇形，互生，具长柄，在长枝上螺旋状互生，在短枝上 3～5 枚呈簇生状，入秋为金黄色。雌雄异株，稀同株，球花单生于短枝的叶腋。种子呈核果状，椭圆形或圆球形，外种皮肉质，黄色，具白粉。花期 4—5 月，果期 9—10 月。

【分布范围】银杏是我国特有树种，是现存种子植物中最古老的植物，为国家重点保护植物之一，一般垂直分布在海拔 1000m 以下。

【主要习性】喜光，耐寒，喜生于温凉湿润，土层深厚、肥沃，排水良好的砂质土壤，酸性、中性、钙质土壤（pH 在 4.5～8.0）均能适应；抗旱性较强，不耐水涝，根深，萌蘖力强，寿命长，对大气污染有一定的抗性。

【养护要点】栽植银杏应选择向阳避风，土层深厚、肥沃，排水良好的地段；移栽时间宜在落叶后至萌芽前进行，施放基肥，小苗可裸根栽植，大苗宜带土球，栽活后需加强肥水管理，注意防病虫害，以促进生长。

【观赏与应用】银杏树姿雄伟，极为壮观，是园林绿化的珍贵树种，宜列植于甬道、广场和街道两侧做行道树、庇荫树或配植于庭院，大型建筑物四周，前庭入口处。老根枯干是制作盆景的好材料。

图 2-9　银杏（形）　　　　　图 2-10　银杏（叶）　　　　图 2-11　银杏（果）

意杨 *Populus euramevicana* cv.'I-214'（图 2-12 至图 2-14）

【科属】杨柳科，杨属

【识别要点】落叶大乔木，树冠长卵形。树皮灰褐色，浅裂。叶片三角形，基部心形，有 2～4 腺点，叶长略大于宽，叶深绿色，质较厚。叶柄扁平。

【分布范围】原产意大利。我国于 1958 年从东德引入，1965 年又从罗马尼亚引入，1972 年再由意大利引进。

【主要习性】阳性树种。喜温暖环境和湿润、肥沃、深厚的砂质土。

【观赏与应用】宜用作防风林、绿荫树和行道树。

图 2-12　意杨（形）　　　　图 2-13　意杨（树皮）　　　图 2-14　意杨（叶）

垂柳 *Salix babylonica*（图 2-15 和图 2-16）

【科属】杨柳科，柳属

【识别要点】落叶乔木，树冠呈倒广卵形。小枝细长下垂，淡黄褐色。叶互生，披针形或条状披针形，先端渐长尖，基部楔形，无毛或幼叶微有毛，具有细锯齿。花期 3—4 月，果期 4—5 月。

【分布范围】主产于我国长江流域以南各省（区、市）的平原地区，华北、东北地区也有栽培。

【主要习性】喜光，不耐阴，喜水湿又耐干旱，喜肥沃、湿润的土壤，在固结、黏重土壤及重盐碱地上生长不良，发芽早，落叶迟，耐污染，吸收二氧化硫能力强，萌芽力强，生长迅速，根系发达，能抗风固沙。

【养护要点】垂柳播种育苗一般在杂交育苗时应用，应选择生长快、病虫少的健壮植株做母株采种、采条；病虫害多，要经常预防。

【观赏与应用】垂柳树姿优美，适应性强，宜做风景树、庭荫树、行道树、固堤护岸林等，是平原水边常见树种，常与龙爪柳配植应用，刚柔并济、曲直相间，效果甚好，亦可孤植、丛植及列植。

图 2-15 垂柳（形）

图 2-16 垂柳（叶）

核桃（胡桃）*Juglans regia*（图 2-17 至图 2-19）

【科属】胡桃科，胡桃属

【识别要点】落叶乔木，高达 20~25m，树皮灰白色，浅纵裂，平滑。枝条髓部片状，幼枝先端具有细茸毛，两年生枝常无毛。羽状复叶，小叶 5~9 枚，椭圆状卵形至椭圆形，顶生小叶通常较大，全缘或有不明显钝齿，表面深绿色，无毛，背面仅脉腋有微毛，小叶柄极短或无。雄花，赤红色，花期 3—4 月。果呈球形，灰绿色，果期 8—9 月。

【分布范围】分布于欧洲东南部、喜马拉雅山，以及我国的空旷林地。

【主要习性】喜光，耐寒；耐干冷，不耐湿热；抗旱、抗病能力强，喜深厚、肥沃、湿润而排水良好的微酸性至微碱性土壤；深根系，根肉质，怕水淹。

【养护要点】核桃可播种及嫁接繁殖，落叶后至发芽前不宜剪枝，易产生伤流；主要病害有炭疽病，虫害有蚜虫、天蛾类等，应注意及早防治。

【观赏与应用】核桃树冠雄伟，树干洁白，枝繁叶茂，绿荫盖地，是良好的庭荫树和行道树；因其花、果、叶挥发的气体具有杀菌、杀虫的保健功效，也宜成片栽植于休养、疗养区及医疗卫生单位做庭院绿化树种；果实供生食及榨油，亦可药用。

图 2-17　核桃（形）　　　　图 2-18　核桃（叶）　　　　图 2-19　核桃（果）

美国山核桃（薄壳山核桃）*Carya illinoinensis*（图 2-20 和图 2-21）

【科属】胡桃科，山核桃属

【识别要点】落叶乔木，在原产地高达 45～55m，胸径 2.5m。树冠初为圆锥形，后变长圆形至广卵形。鳞芽被黄色短柔毛。小叶 11～17 枚，为不对称之卵状披针形，常镰状弯曲，长 9～13cm，无腺鳞。果长圆形，较大，核壳较薄。5 月开花；10—11 月果熟。

【分布范围】原产于美国东南部及墨西哥，20 世纪初引入中国，各地常有栽培，但以福建、浙江及江苏南部一带较集中。

【主要习性】喜光，喜温暖湿润气候，最适宜生长于年平均温度 15～20℃，年降水量 1000～2000mm 的地区；但也有一定的耐寒性，在北京可露地栽培。在平原、河谷之深厚疏松而富含腐殖质的砂质壤土及冲积土上生长迅速；耐水湿，不耐干燥瘠薄。对土壤酸碱度适应范围较广，pH 在 4～8 均可，而以 pH 为 6 最宜。深根性，根萌蘖力强。

【养护要点】小苗移栽需注意多留侧根和须根，并及时蘸泥浆防止根系失水而影响成活；大苗移栽需带土球。一般不用整形，在青壮年期下部枝条易结果，故勿过早剪掉。要等树冠上部枝条结果渐多后才可剪除下部枝条。伤口愈合较慢，故剪枝后应涂护伤剂。

【观赏与应用】本树种树体高大，枝叶茂密，树姿优美，是很好的城乡绿化树种，在长江中下游地区可栽做行道树、庭荫树或大片造林。又因根系发达、性耐水湿，很适于河流沿岸、湖泊周围及平原地区绿化造林。在园林绿地中孤植、丛植于坡地或草坪，亦颇为壮观。果实味美，营养丰富，核仁含油 71%，比花生及一般胡桃要高，质量亦比山核桃好，是优良的木本油料和干果树种。

图 2-20　美国山核桃（干）

图 2-21　美国山核桃（叶）

枫杨 *Pterocarya stenoptera*（图 2-22 至图 2-24）

【科属】胡桃科，枫杨属

【识别要点】落叶乔木，高达 30m，枝条横展，树冠呈广卵形。树皮光滑，红褐色，后深纵裂，黑灰色。叶多为偶数或稀奇数羽状复叶，互生，叶轴有翅，小叶 10～16 枚，长椭圆形，缘有细锯齿，无小叶柄。花单性，雌雄同株，雄性柔荑花序单独生于去年生枝条上叶痕腋内，花序轴常有稀疏的星芒状毛。花期 4—5 月。坚果近圆形，果序下垂，果序轴常有宿存的毛，基部常有宿存的星芒状毛，果期 8—9 月。

【分布范围】枫杨广泛分布于华北、华中、华南和西南各省（区、市），以长江流域和淮河流域最为常见。

【主要习性】枫杨为喜光性树种，对土壤要求不严，较喜疏松、肥沃的砂质土壤，耐水湿、耐寒、耐旱；深根性，主、侧根均发达，以深厚肥沃的河床两岸生长良好；萌蘖力强，对二氧化硫、氯气等抗性强，叶片有毒，鱼池附近不宜栽植。

【养护要点】枫杨适宜播种繁殖，当年播种出芽率较高，成枝力强，做行道树、庭荫树时应注意修剪干部侧枝。

【观赏与应用】枫杨树冠广展，枝叶茂密，生长快速，根系发达，为河床两岸低洼湿地的良好绿化树种，常做庭荫树，既可以做行道树，也可以成片种植或孤植于草坪及坡地，均可形成一定景观。

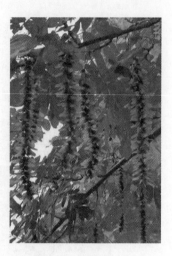

图 2-22　枫杨（形）　　　　图 2-23　枫杨（叶）　　　　图 2-24　枫杨（果）

青钱柳（摇钱树）*Cyclocarya paliurus*（图 2-25）

【科属】胡桃科，青钱柳属

【识别要点】落叶乔木，树皮灰白而平滑，高 30～44m，枝髓片状。羽状复叶对生，小叶 7～13 枚，长椭圆形，长 3～14cm；缘有细齿，两面有毛，叶轴无狭翅。雄花序长 7～17cm；雌花序单生枝顶，长 21～25cm。果翅在果核周围呈圆盘状，径约 5cm，犹如铜钱，果序长 25～30cm。

【分布范围】主产于长江流域，多沿沟生长。

【主要习性】喜光，喜湿，喜深厚、肥沃土壤，对钙质土最能适应，较耐寒，北京引种可安全越冬，萌芽力强。

【养护要点】青钱柳主干顶梢折断后侧枝很难代替，也难萌发新枝接替顶枝，故养护时注意保护顶梢。

【观赏与应用】青钱柳适应性强，植于河、湖、塘岸边，根系庞大，可固堤护岸；秋季翅果成熟时如串串铜钱垂于枝梢，有"摇钱树"之称，可植于园林绿地供观赏；木材细致，可做家具等用，叶入药有降糖、降血脂作用。

图 2-25　青钱柳

榔榆 *Ulmus parvifolia*（图 2-26 和图 2-27）

【科属】榆科，榆属

【识别要点】落叶乔木，树皮近光滑；小枝褐色，有软毛。树皮绿褐色或黄褐色，不规则薄鳞片状剥离。叶革质，稍厚，叶窄椭圆形、卵形或倒卵形，顶端尖或钝尖，基部圆形，两侧稍不相等，叶缘有单锯齿，表面光滑，嫩叶背面有毛，后脱落，花秋季开放，簇生于当年生枝的叶腋。翅果呈椭圆形，翅较狭而厚。种子位于果实中央；果柄细。

【分布范围】产于我国华北中南部至华东、中南及西南各地。

【主要习性】喜光，稍耐阴，喜温暖气候，适应性广，土壤适应性强，山地溪边都能生长；萌芽力强，耐修剪，生长速度中等，寿命较长，主干易歪，叶面滞尘能力强；对二氧化硫等有毒气体、烟尘的抗性较强。

【养护要点】榔榆虫害较多，常见的有榆叶金花虫、介壳虫、天牛、刺蛾和蓑蛾等，可喷洒 80% 敌敌畏 1500 倍液防治；天牛危害树干，可用石硫合剂堵塞虫孔。

【观赏与应用】榔榆树形优美，小枝纤垂，树皮斑驳，秋叶转红，姿态潇洒，枝叶细密，常用在长江流域园林中，在庭院中孤植、丛植，或者与亭榭、山石配植，也可做工矿区、街头绿化树种；老根萌芽力强，是制作树状盆景的优良材料。

图 2-26　榔榆（干）　　　　　　图 2-27　榔榆（叶）

榉树 *Zelkova serrata*（图 2-28 至图 2-30）

【科属】榆科，榉树属

【识别要点】落叶乔木，高达 30m。树冠呈倒卵状伞形，树干通直，一年生枝密生茸毛。树皮棕褐色，平滑，老时薄片状脱落。小枝细，红褐色，密被白茸毛。单叶互生，长椭圆状卵形或椭圆状披针形，先端渐尖，基部宽楔形近圆，边缘有钝锯齿，锯齿整齐（近桃形）。花单性（少杂性）同株，雄花簇生于新枝下部叶腋或苞腋，雌花单生于枝上部叶腋。核果，上部歪斜，花期 3—4 月，果期 10—11 月。

【分布范围】产于淮河及秦岭以南，长江中下游至华南、西南各省（区、市），垂直分布多在海拔 500m 以下之山地、平原，是上海的乡土树种之一；西南、华北、华东、华中、华南等地区均有栽培，江南园林中较为常见。

【主要习性】榉树为阳性树种，喜光，喜温暖环境，适生于深厚、肥沃、湿润的土壤，对土壤的适应性强；深根性，侧根广展，抗风力强，忌积水，不耐干旱和贫瘠，生长慢，寿命长，耐烟尘，抗污染。

【养护要点】榉树的苗根细长而韧，起苗时应用利铲先将周围根切断方可挖取，以免撕裂根皮。

【观赏与应用】榉树的树姿端庄，姿态优美，夏季绿荫浓密，入秋叶变成褐红色，是观赏秋叶的优良树种，常种植于绿地中的路旁、墙边，宜孤植、丛植或做行道树。

图 2-28　榉树（形）　　　　　图 2-29　榉树（干）　　　　　图 2-30　榉树（叶）

朴树 *Celtis sinensis*（图 2-31 和图 2-32）

【科属】榆科，朴属

【识别要点】落叶乔木，高达 20m，胸径 1m；树冠呈扁球形。小枝幼时有毛，后渐脱落。叶卵状椭圆形，长 4～8cm，先端短尖，基部不对称，锯齿钝，表面有光泽，背脉隆起并疏生毛。果熟时橙红色，直径 4～5mm，果柄与叶柄近等长，果核表面有凹点及棱脊。花期 4 月，果 9—10 月成熟。

【分布范围】在我国的东南部广泛分布。在华中地区的湖北、湖南等地，华东的安徽、浙江以及台湾地区均有分布。

【主要习性】喜光，深根性。

【养护要点】育苗期间要注意整形修剪，培养通直的树干和树冠。大苗移栽要带土球。

【观赏与应用】宜做庭荫树，是制作盆景的常用树种。

图 2-31　朴树（干）　　　　　图 2-32　朴树（叶）

珊瑚朴（大果朴）*Celtis julianae*（图 2-33）

【科属】榆科，朴属

【识别要点】落叶乔木，树干通直，树冠呈卵球形；高达 25m。单叶互生，宽卵形、倒卵形或倒卵状椭圆形，长 6～14cm，小枝、叶背及叶柄均密被黄褐色茸毛，叶背面网脉隆起，密被黄色茸毛。花序红褐色，状如珊瑚；花期 4 月。核果呈卵球形，较大，熟时橙红色，味甜可食，果期 10 月。

【分布范围】主产于长江流域及河南、陕西等地区。

【主要习性】喜光，稍耐阴，常散生于肥沃湿润的溪谷和坡地，亦耐干旱、瘠薄，深根性，生长快，抗烟尘及污染，病虫害少。

【观赏与应用】树体高大，冠大荫浓，姿态雄伟，春天满树红褐色花序，状如珊瑚，极为美丽，秋天红果亦可欣赏，在园林绿化中宜做庭荫树种、行道树种和"四旁"绿化树种，孤植、丛植或列植均可。

图 2-33　珊瑚朴（叶、果）

青檀 *Pteroceltis tatarinowii*（图 2-34）

【科属】榆科，青檀属

【识别要点】落叶乔木，高达 20m。树皮淡灰色，不规则长片状剥落，内皮淡灰绿色。小枝暗褐色，细长，无毛。叶为卵形或椭圆状卵形，先端长尾状渐尖，基部圆形或宽楔形，叶缘具有不规则单锯齿，近基部全缘，基部具有 3 条主脉，上表面无毛或具有短硬毛，背面脉腋间常有簇生的毛；叶柄无毛。花单性，雌雄同株，生于当年生枝的叶腋。翅果呈扁圆形，种子周围均具有膜质的翅，翅果的上下两端均具有凹陷，顶端更为明显。花期 5 月，果期 6—7 月。

【分布范围】分布于我国河北、山东、江苏、安徽、浙江、江西、湖南、湖北、广东、四川、青海等省（区、市），河南太行山区、伏牛山区、大别山—桐柏山区均有分布；郑州各山区有野生，多生于石灰岩的低山坡。

【主要习性】喜光，稍耐阴，耐干旱瘠薄，常生于石灰岩的低山区及河流溪谷两岸，根系发达，萌芽力强，寿命长。

【养护要点】可播种繁殖，播种前需层积沙藏处理。

【观赏与应用】可用于石灰岩山地绿化造林树种，也可做庭荫树或行道树；其木材坚硬，纹理直，结构细，韧性强，耐磨损，可做家具、车辆、建筑及细木工用材。

图 2-34　青檀（叶、果）

构树 *Broussonetia papyrifera*（图 2-35 至图 2-37）

【科属】桑科，构属

【识别要点】落叶乔木，高达 18m，树冠开张呈卵形至广卵形。树皮平滑，浅灰色或灰褐色，不易裂，全株含浆汁。小枝密生白色茸毛。单叶互生，有时近对生，叶为卵圆或阔卵形，先端锐尖，基部为圆形或近心形，边缘有粗齿，3～5 个深裂（幼枝上的叶更为明显），两面都有厚茸毛。聚花果呈球形，熟时橙红色或鲜红色。花期4—5月，果期7—9月。

【分布范围】分布于我国黄河流域、长江流域和珠江流域，也常见于越南、日本。

【主要习性】为强阳性树种，适应性特强，耐干旱瘠薄，抗逆性强；喜钙质土，可生于酸性和中性土中；根系浅，侧根分布很广，生长快，萌芽力和分蘖力强，耐修剪，抗污染性强。

【观赏与应用】枝叶茂密，适应性强，是城乡绿化的重要树种，尤其适合于工矿区及荒山坡地绿化，亦可选做庭荫树，并可供防护林用；聚花果含大量糖分，脱落后常招引苍蝇，对环境卫生不利，园林绿化最好选择雄株；其树皮是优质造纸及纺织原料，木材可供器具、家具和薪柴用，植株可供药用。

图 2-35 构树（叶）（1）

图 2-36 构树（叶）（2）

图 2-37 构树（果）

无花果 Ficus carica（图 2-38）

【科属】桑科，榕属

【识别要点】落叶小乔木，高可达10m，或成灌木状。小枝粗壮。叶广卵形或近圆形，长10~20cm，常3~5掌状裂，边缘波状或成粗齿，表面粗糙，背面有柔毛。隐花果梨形，长5~8cm，绿黄色。

【分布范围】原产于地中海沿岸，栽培历史悠久。我国各地有栽培。

【主要习性】喜光，喜温暖湿润气候，不耐寒，冬季在-12℃时小枝受冻，-22~-20℃则地上部分全部冻死。对土壤要求不严，能耐旱，在酸性、中性和石灰性土上均可生长，以肥沃的砂质壤土栽培最宜。根系发达，但分布较浅。

【养护要点】生长较快，用营养繁殖（分株、压条、扦插）极易成活。青岛、长江流域及其以南地区可露地栽培。

【观赏与应用】常植于庭院及公共绿地，果可生食或制成罐头和果干食用，并有清热、润肠等药效；根、叶亦可入药，治肠炎、腹泻等疾病。本种繁殖栽培容易，是绿化、观赏结合生产的好树种。

图 2-38　无花果

合欢 *Albizia julibrissin*（图 2-39 至图 2-41）

【科属】含羞草科，合欢属

【识别要点】落叶乔木，高达 16m。树冠呈广伞形，树皮褐灰色。二回羽状复叶，羽片 4～12 对；小叶 10～30 对，长圆形至线形，两侧极偏斜，长 6～12mm，宽 1～4mm。花序头状，伞房状排列，腋生或顶生；花淡粉红色；花萼 5 裂，钟状；花冠漏斗状，5 裂。荚果呈线形，扁平，幼时有毛。花期 6 月，果期 9—11 月。

【分布范围】原产于我国黄河流域及其以南各地，全国各地广泛栽培。

【主要习性】喜温暖湿润和阳光充足的环境，对气候和土壤适应性强，宜在排水良好、肥沃土壤生长，但也耐瘠薄土壤和干旱气候；具有根瘤菌，有改善土壤之效，但浅根性，萌芽力不强，不耐修剪。

【养护要点】主要病虫害有合欢枯萎病、大叶合欢锈病、双条合欢天牛、合欢巢蛾等，应注意及早防治。

【观赏与应用】树形优美，叶形雅致，盛夏绒花满树，有色有香，宜做庭荫树、行道树，种植于林缘、房前、草坪、山坡等地。合欢也是"四旁"绿化和庭园点缀的观赏佳树，对氯化氢、二氧化硫等有害气体的抗性强。

图 2-39　合欢（形）　　　　图 2-40　合欢（树皮）　　　图 2-41　合欢（叶）

国槐 *Styphnolobium japonicum*（图 2-42 至图 2-45）

【科属】蝶形花科，槐属

【识别要点】落叶乔木，高 15～25m，树冠呈圆形。干皮暗灰色，小枝绿色，皮孔明显。奇数羽状复叶互生，叶先端尖锐，卵形至卵状披针叶。花冠呈蝶形，浅黄绿色，花期 6—8 月。荚果串珠状，肉质，熟后不开裂或延迟开裂，果期 9—10 月。

【分布范围】原产于我国北部，北至辽宁，南至广东、台湾，东至山东，西至甘肃、四川、云南均有栽植。

【变种与品种】

（1）龙爪槐 'Pendula'，又称垂槐。小枝弯曲下垂，树冠呈伞状，姿态别致，园林中多有栽植。

（2）紫花槐 var. *pubescens*，小叶 15～17 枚，叶背有蓝灰色丝状短茸毛，花的翼瓣和龙骨瓣常带紫色，花期较迟。

（3）五叶槐 f. *oligophyllum*，又称蝴蝶槐。小叶 3～5 簇生，顶生小叶常 3 裂，侧生小叶下部常有大裂片，叶背有毛。

【主要习性】国槐为温带树种，喜阳光，稍耐阴，性耐寒，喜生于土层深厚、湿润、肥沃而排水良好的砂质土壤，在中性土壤、石灰质土壤及微酸性土壤中均可生长，但低洼积水处生长不良；深根，根系发达，抗风力强，萌芽力亦强，寿命长。

【养护要点】适应性强，大树移植需重剪，成活率高，采种后沙藏或干藏，在春季播种；病虫害主要有苗木腐烂病、槐尺蛾等，均应及早防治。

【观赏与应用】国槐树冠宽广，枝叶茂密，姿态优美，绿荫如盖，是城乡良好的遮阴树种和行道树种，也可对植于门前、庭前两旁或孤植于亭台山石隅，是中国庭院绿化中的传统树种之一。

图 2-42　国槐（干）　　图 2-43　国槐（枝）　　　图 2-44　国槐（叶）　　　图 2-45　国槐（花）

刺槐 *Robinia pseudoacacia*（图 2-46 和图 2-47）

【科属】蝶形花科，刺槐属

【识别要点】落叶乔木，高 10～25m，树冠呈椭圆状倒卵形。树皮灰黑褐色，纵裂。枝具托叶性针刺，小枝灰褐色，无毛或幼时具微茸毛。奇数羽状复叶，互生，具 9～19 枚小叶；叶柄被茸毛，小叶片卵形或卵状长圆形，叶端钝或微凹，有小尖头。总状花序腋生，比叶短，花序轴黄褐色，被疏茸毛；花冠白色，芳香。荚果呈长圆形或带状，褐色，扁平，沿腹缝线有狭翅，熟时开裂。种子黑褐色，肾形，扁平。花期 4—5 月，果期 5—9 月。

【分布范围】原产于北美洲，现被广泛引种到亚洲、欧洲等地，我国从吉林至华南各省（区、市）普遍栽培。

【主要习性】喜光，喜温暖湿润气候，对土壤要求不严，适应性很强，最喜土层深厚、肥沃、疏松、湿润的粉砂土、砂壤土和壤土，对土壤酸碱度不敏感；浅根性，侧根发达，抗风能力弱，萌蘖力强，一般寿命为 30～50 年。

【养护要点】以播种为主，也可分蘖、根插繁殖，其主要害虫有白蚁、叶蝉、天牛、蚧、小皱蝽、槐蚜、刺槐尺蛾、刺槐种子小蜂等，应注意及早防治。

【观赏与应用】树冠高大，叶色鲜绿，每当开花季节绿白相映，素雅而芳香；可做行道树和庭荫树，是工矿区绿化及荒山荒地绿化的先锋树种。

图 2-46　刺槐（托叶刺）　　　　图 2-47　刺槐（叶）

紫荆 *Cercis chinensis*（图 2-48 至图 2-50）

【科属】苏木科（云实科），紫荆属

【识别要点】落叶乔木，栽培大多为灌木，树皮暗褐色，枝干粗壮直伸。叶近圆形，基部心形，全缘，表面有光泽，5 出脉。先叶开花，花蝶形，玫瑰红色，4～10 朵簇生于 2～4 年生枝上，有时老干上着花；花期 3—4 月。荚果扁而呈带状，10 月成熟，灰黑色。

【分布范围】紫荆为暖地树种，广泛分布，久经栽培，华北地区可露地栽植。

【主要习性】喜光而稍耐阴，耐寒，耐旱力较强，不耐积水；一般土壤均能适应，而以肥沃的微酸性砂壤土长势最好，萌芽力强，耐修剪更新，对氯气有一定抗性。

【养护要点】大苗移植需带土球，花后将枝条轻度修剪，调整株型，栽植忌积水。

【观赏与应用】干直丛生，繁花满树，嫣红灿烂，可布置在建筑物前及草坪内栽植，或与常绿树种配植，与连翘、迎春等花期相近的黄花树种配植更加夺目。

图 2-48　紫荆（形）　　　　图 2-49　紫荆（叶、果）　　　　图 2-50　紫荆（花）

光皮梾木 *Cornus wilsoniana*（图 2-51 和图 2-52）

【科属】山茱萸科，山茱萸属

【识别要点】树皮灰色至青灰色，块状剥落；幼枝灰绿色，略具 4 棱，被灰色平贴短柔毛，小枝圆柱形，深绿色，老时棕褐色，无毛，具有黄褐色长圆形皮孔。叶对生，纸质，椭圆形或卵状椭圆形。顶生圆锥状聚伞花序，花小，白色，直径约 7mm。核果球形，直径 6～7mm，成熟时紫黑色至黑色。

【分布范围】产于陕西、甘肃、浙江、江西、福建、河南、湖北、湖南、广东、广西、四川、贵州等省（区、市）。生于海拔 130～1130m 的森林中。

【主要习性】喜光，耐寒，喜深厚、肥沃而湿润的土壤，在酸性土及石灰岩土生长良好。

【养护要点】萌芽力强，必须及时修剪，以提高通风透光和结实性能，每个主枝留两三个侧枝，冬季要剪去徒长枝、纤弱枝、病虫枝、过密枝和枯枝；对于当年采果的枝条可进行重截，以增加次年新枝，从而实现增产的目的。

【观赏与应用】木材坚硬，纹理致密而美观，为家具及农具的良好用材；树形美观，寿命较长，为良好的绿化树种。

图2-51　光皮梾木（干）　　　　　图2-52　光皮梾木（叶）

楝（苦楝、楝树）*Melia azedarach*（图2-53至图2-55）

【科属】楝科，楝属

【识别要点】落叶乔木，高15～20m；枝条广展，树冠近于平顶。树皮暗褐色，浅纵裂。小枝粗壮，皮孔多而明显，幼枝有星状毛。2～3回奇数羽状复叶，小叶呈卵形至卵状长椭圆形，长3～8cm，先端渐尖，基部楔形或圆形，缘有锯齿或裂。花淡紫色，长约1cm，有香味；成圆锥状复聚伞花序，长25～30cm。核果近球形，直径1～1.5cm，熟时黄色，宿存树枝，经冬不落。花期4～5月；果10—11月成熟。

【分布范围】产于华北南部至华南地区，西至甘肃、四川、云南均有分布。多生于低山及平原。

【主要习性】喜光，不耐庇荫；喜温暖湿润气候，耐寒力不强，华北地区幼树易遭冻害。对土壤要求不严，在酸性、中性、钙质土及盐碱土中均可生长。稍耐干旱、瘠薄，也能生于水边；但以在深厚、肥沃、湿润处生长最好。萌芽力强，抗风。生长快。寿命短，30～40年即衰老。对二氧化硫抗性较强，但对氯气抗性较弱。

【养护要点】苗木根系不甚发达，移栽时不宜对根部修剪过度。楝树往往分枝低矮，影响主干高度和木材使用价值，采用"斩梢接干法"能收到良好效果。其做法是连续两三年在早春萌芽前用利刀斩梢1/3～1/2，切口务求平滑，呈马耳形，并在生长季中及时摘去侧芽，仅留近切口处1个壮芽作主干培养。其他栽培管理简单，病虫害较少。

【观赏与应用】楝树是江南地区的重要"四旁"绿化及速生用材树种。树形柔美，叶形秀丽，春夏之交淡紫色花朵竞相开放，十分美观，且淡香怡人。此外，楝树抗烟尘、抗二氧化硫，也是良好的城市及工矿区绿化树种，宜做庭荫树及行道树。在草坪孤植、丛植，或配植于池边、路旁、坡地皆可。

图 2-53　楝树（干）　　　　　图 2-54　楝树（叶）　　　　　图 2-55　楝树（花）

梧桐 *Firmiana simplex*（图 2-56 和图 2-57）

【科属】梧桐科，梧桐属

【识别要点】落叶乔木，高达 16m；树皮青绿色，平滑。树干端直，树冠呈卵圆形；干枝翠绿色，平滑。叶为心形，掌状 3～5 裂，直径 15～30cm，裂片呈三角形；顶端渐尖，基部心形，两面均无毛或略被短茸毛，基生脉 7 条；叶柄与叶片等长。圆锥花序顶生，花梗与花几乎等长；雄花的雌雄蕊柄与萼等长，下半部较粗，无毛。蓇葖果膜质，果皮开裂成叶状，匙形，外被短茸毛或近无毛，有柄。种子 2～4 粒，圆球形。花期 6—7 月，果期 10—11 月。

【分布范围】产于我国南北各省（区、市），从广东到华北均有分布，也分布于日本。

【主要习性】喜光，喜生于温暖湿润的环境；耐严寒，耐干旱及瘠薄；喜肥沃、深厚而排水良好的钙质土壤，在酸性及中性土壤上能生长，忌水湿及盐碱；深根系、直根粗壮，萌芽力弱，不耐涝，不耐修剪；春季萌芽晚，秋季落叶早，故有"梧桐一叶落，天下尽知秋"之说。

【养护要点】常用播种法，也可扦插或分根繁殖，春秋都可播种，一般三年苗木即可出圃定植；主要害虫有木虱、霜天蛾、刺蛾等，应注意及早防治。

【观赏与应用】树冠圆整、端直，干枝青翠，绿荫深浓，叶大而形美，果皮奇特，是具有悠久栽植历史的庭园观赏树种；常孤植或丛植于草坪、庭院、湖畔等地，也可做行道树及庭院绿化观赏树。

图 2-56　梧桐（树皮）　　　　图 2-57　梧桐（叶）

黄连木 *Pistacia chinensis*（图 2-58）

【科属】漆树科，黄连木属

【识别要点】落叶乔木，高达 30m，树皮呈薄片状剥落。偶数羽状复叶（有时奇数）互生，小叶 10~14 枚，披针形或卵状披针形，基部偏斜，全缘。雌雄异株，雄花排列成淡绿色密总状花序，雌花为疏松的紫红色圆锥花序，花期 4 月。核果呈卵球形，直径约 6mm，初为黄白色，后变成红色至蓝紫色，果期 9—11 月。

【分布范围】原产于我国，华东、华中、西南地区均有分布。

【主要习性】喜光，幼时较耐阴，喜温暖，不耐严寒，对土壤要求不严，耐干旱、瘠薄，喜生于肥沃、湿润、排水良好的土壤，深根性，主根发达，抗风力强，萌芽力强，抗污染力较强，对二氧化硫和煤烟的抗性较强，生长较慢，寿命长。

【养护要点】病害少，虫害多，主要有黄连木尺蛾和黄连木种子小蜂，应注意及早防治；在北方地区，黄连木幼苗易受冻害，要进行越冬假植，次春再行移栽，栽植后应注意保护树形，一般不加修剪。

【观赏与应用】树冠开阔，叶形秀丽，枝叶繁茂，早春时嫩叶为红色，入秋后叶变成深红色或橙黄色，紫红色的雌花序也极美观，是城市园林及风景区绿化的优良树种；可做庭荫树、行道树，或植于草坪、坡地、山谷与山石、亭阁配植。作为山林风景树，可与槭类、枫香等混植，构成大片秋色红叶林，效果极佳。

图 2-58　黄连木（叶、果）

玉兰（白玉兰）*Magnolia denudata*（图 2-59 至图 2-61）

【科属】木兰科，木兰属

【识别要点】落叶乔木，高达 15m，树皮灰褐色，树冠呈卵形或扁球形。嫩枝及冬芽均被灰褐色茸毛。单叶互生，长 10~15cm，倒卵状椭圆形，先端突尖。花顶生，先花后叶，白色芳香，花萼、花瓣相似，共 9 片，花期 3—4 月。蓇葖果熟时为暗红色，种子具有鲜红色假种皮。

【分布范围】产于我国中部山地，秦岭到五岭均有分布，各地庭院常见栽培。

【主要习性】喜光，稍耐阴；较耐寒，能在 –20℃条件下安全越冬，北京地区可露地栽培；肉质根，不耐积水；抗二氧化硫，生长慢。

【养护要点】栽培要求肥沃、湿润、排水良好的土壤；移植玉兰不宜过早，以花落后叶芽尚未打开最好；施肥应多施腐熟的有机肥，以春季花前和伏天两次为好；北方常干旱少雨，要注意浇水。

【观赏与应用】玉兰因其"色白如玉，芬芳似兰"而获此名，是我国著名的早春花木，各地园林常见栽培。中国传统宅院讲究"玉堂春富贵"，即玉兰、海棠、迎春、牡丹、桂花五种花木，取吉祥富贵之意。玉兰适合孤植或丛植于草坪、针叶树丛前，点缀庭院、列植堂前。

图 2-59 玉兰（形）　　　图 2-60 玉兰（叶）　　　图 2-61 玉兰（花）

二乔玉兰 *Magnolia × soulangeana*（图 2-62 和图 2-63）

【科属】木兰科，木兰属

【识别要点】落叶小乔木，高 6~10m。叶为倒卵形，先端短急尖，基部楔形，背面多有毛。花大而芳香，外淡紫红色内白色，花瓣状，稍短。花期 3 月，叶前开花。聚合蓇葖果长约 8cm，卵形或倒卵形，熟时黑色，具白色皮孔，果期 9 月。

【分布范围】原产于我国，我国华北、华中地区及江苏、陕西、四川、云南等地均有栽培。

【主要习性】耐旱，耐寒，能在 –20℃条件下安全越冬；移植难；喜肥，但忌大肥；根系肉质根，不耐积水。由于二乔玉兰枝干伤口愈合能力较差，故除十分必要外，多不进行修剪。

【观赏与应用】二乔玉兰为玉兰和木兰的杂交种，形态介于两者之间；花大色艳，观赏价值很高，是城市绿化的极好花木；广泛用于公园、绿地和庭院等孤植观赏；树皮、叶、花均可提取芳香浸膏。

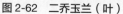
图 2-62 二乔玉兰（叶）

图 2-63 二乔玉兰（花）

鹅掌楸（马褂木）*Liriodendron chinense*（图 2-64 至图 2-66）

【科属】木兰科，鹅掌楸属

【识别要点】落叶乔木，树高达 40m，胸径 1m 以上，树冠呈圆锥形。单叶互生，叶形似马褂，先端平截或微凹。花两性，单生枝顶，黄绿色，花期 5—6 月。聚合果呈纺锤形，由具翅小坚果组成。果期 10 月。

【分布范围】主产于华东、华中等地区。

【变种与品种】全世界鹅掌楸变种有两种。分布于我国中部、北亚热带地区的鹅掌楸和美国东部的北美鹅掌楸。

（1）北美鹅掌楸 *Liriodendron tulipifera*，树姿挺秀，花、叶俱美，老枝平展或微下垂。17 世纪从北美引种到英国，其黄色花朵形似杯状的郁金香，故欧洲人称为"郁金香树"，鹅掌楸对二氧化硫和氯气抗性较强，广泛用于园林绿化。

（2）杂交鹅掌楸 *Liriodendron×sinoamericanum*，叶如母本，背面白粉小点，绿色，无早落叶现象，9 月间尚保持满树翠绿。长势比父母本旺盛，适应平原条件的能力显著增强。

【主要习性】喜光，幼树稍耐阴，喜温凉湿润气候，速生，通常用种子繁殖，有一定的耐寒性，在 –17～–15℃ 低温而完全不受伤害；喜深厚、肥沃、适湿而排水良好的酸性或微酸性土壤（pH 为 4.5～6.5），在干旱土地上生长不良，也忌低湿水涝，生长迅速，寿命长。

【养护要点】以播种繁殖为主，扦插次之；因自然授粉不良，种子多瘪粒，应进行人工授粉，发芽率较高，扦插繁殖在 3 月中上旬进行，移植在落叶后或早春萌芽前；其主要病虫害有日烧病、卷叶蛾、蚕及大袋蛾危害等，应注意及早防治。

【观赏与应用】树干端直，树姿雄伟，叶形奇特，花如金盏，秋叶金黄，为著名的秋色叶树种，也是优良的庭荫树种；宜丛植、列植、片植于草坪、公园入口两侧和街坊绿地，若以此为上木，配以常绿花木于其下，效果更好。

図 2-64　鹅掌楸　　　　　図 2-65　杂交鹅掌楸（1）　　　　図 2-66　杂交鹅掌楸（2）

厚朴 *Houpoea officinalis*（图 2-67 和图 2-68）

【科属】木兰科厚朴属

【识别要点】落叶乔木，高 15～20m。树皮紫褐色；新枝有绢状毛，次年脱落变光滑且呈黄灰色。冬芽大，长 4～5cm，有黄褐色绒毛。叶簇生于枝端，呈倒卵状椭圆形，叶大，长 30～45cm，宽 9～20cm，叶表光滑，叶背初时有毛，后有白粉，网状脉上密生有毛，侧脉 20～30 对，叶柄粗，托叶痕达叶柄中部以上。花顶生白色，有芳香，径 14～20cm，萼片与花瓣共 9～12 枚或更多。聚合果圆柱形，其上的小蓇葖果全部发育，且先端有鸟咀状尖头。花期 5 月，先叶后花；果 9 月下旬成熟。

【分布范围】分布于长江流域和陕西、甘肃南部地区。

【主要习性】性喜光，但耐侧方庇荫，喜生于空气湿润、气候温和之处，不耐严寒酷暑，在多雨及干旱处均不适宜，喜湿润而排水良好的酸性土壤。

【养护要点】可用播种法繁殖，亦可用分蘖法繁殖。

【观赏与应用】厚朴叶大荫浓，可做庭荫树栽培。

図 2-67　厚朴（形）　　　　　　図 2-68　厚朴（干）

垂丝海棠 *Malus halliana*（图 2-69 至图 2-71）

【科属】蔷薇科，苹果属

【识别要点】落叶小乔木，高 5m；枝开展，幼时紫色。叶为卵形至狭卵形，长 4～8cm；基部为楔形或近圆形，锯齿细钝，叶质较厚硬，表面深绿色而有光泽；叶柄常紫红色。花 4～7 朵簇生于小枝端，花冠浅玫瑰红色；花柱 4～5 个，萼片深紫色，先端钝；花梗细长下垂；花期 3—4 月。果呈倒卵形，9—10 月成熟。

【分布范围】产于我国西南部，长江流域至西南各地均有栽培；华北地区多盆栽。

【主要习性】喜光，喜温暖湿润气候，不耐寒冷和干旱。

【养护要点】盆栽催花宜提前 25 天置于 15～25℃中，注意土壤湿度，可在元旦、春节期间观赏；花后移至 5℃以下低湿环境，以抑制发叶生长。

【观赏与应用】花繁色艳，朵朵下垂，非常美丽，是著名的庭院观赏花木，也可盆栽观赏。

图 2-69　垂丝海棠（形）　　　图 2-70　垂丝海棠（叶）　　　图 2-71　垂丝海棠（花）

杏 *Prunus armeniaca*（图 2-72）

【科属】蔷薇科，李属

【识别要点】落叶乔木，高达 15m，树冠圆整，树皮黑褐；小枝红褐色，芽单生。单叶互生，叶为卵圆形或卵状椭圆形，长 5～8cm；基部圆形或广楔形，先端突尖或突渐尖；缘具钝锯齿；叶柄常带红色且具有 2 腺体。花通常单生，淡粉红色或近白色，花萼红色，反卷，花期 3—4 月，先叶开放。果呈球形，径 2～3cm，黄色而常一侧有红晕，核略扁；果期 6 月。

【分布范围】分布于我国东北、华北、西北、西南地区及长江中下游地区。

【主要习性】喜光，适应性强，耐寒力、耐旱力均强，可在轻盐碱土上栽植，极不耐涝；最适宜在土层深厚、排水良好的砂壤土或砂质土壤中生长；寿命较长，可达两三百年。

【养护要点】萌芽力及发枝力均较弱，故不宜过分重剪，一般多采用自然形整枝。

【观赏与应用】杏树在我国栽培历史有 2500 年以上，是华北地区最常见的果树之一；早春叶前繁花满树，美丽壮观，是北方普遍栽培的春季观花树种，有"北梅"之称；在园林绿化中非常适宜成林成片栽植，或植于庭院一隅，呈现"一枝红杏出墙来"的佳景，也可作为荒山造林树种。

图 2-72　杏

桃 *Prunus persica*（图 2-73 至图 2-78）

【科属】蔷薇科，李属

【识别要点】落叶乔木，高 3～5m；小枝绿色或带褐紫色，冬芽有毛，3 枚并生。叶为广披针形或卵状椭圆形，长 7～15cm；中部最宽，先端渐尖，基部阔楔形；叶缘有细锯齿，叶柄具腺体。花单生，常邻近两三朵呈簇生状；花粉红色，3—4 月叶前开花（倒春寒年份与叶同放）。果近球形，径 5～7cm，表面密被茸毛，果肉厚而多汁；果期 6—9 月。

【分布范围】原产于我国中部及北部，自东北南部至华南，西至甘肃、四川、云南，在平原及丘陵地区普遍栽培。

【变种与品种】我国桃的品种约 1000 种，根据果实品质及花、叶观赏价值，分为食用桃和观赏桃两大类。观赏桃的常见变型如下。

（1）单瓣白桃 'Alba'：花白色，单瓣。

（2）碧桃 'Duplex'：花较小，粉红色，重瓣或半重瓣。

（3）白花碧桃 'Albo-plena'：花重瓣，白色。叶的边缘有细齿。

（4）绛桃 'Camelliaeflora'：花深红色，复瓣，大而密生。

（5）洒金碧桃（鸳鸯桃、跳枝桃）f. *versicolor*：花复瓣或近重瓣，白色或粉红色，同株树上花有二色或同朵花有二色。

（6）紫叶桃 'Atropurpurea'：嫩叶紫红色，高温期渐变为绿色，花单瓣或重瓣，粉红或大红色，可进一步细分为紫叶桃（单瓣粉红）、紫叶碧桃（重瓣粉红）、紫叶红碧桃（重瓣红花）等。

（7）垂枝碧桃 'Pendula'：枝下垂。

（8）寿星桃 'Densa'：树形矮小紧密，节间短；花多重瓣。有红花寿星桃、白花寿星桃等品种。

（9）塔型碧桃 'Pyramidalis'：树形呈窄塔状较为罕见。

此外，还有红碧桃、复瓣碧桃、绯桃等品种。

【主要习性】喜光，较耐旱、耐寒，不耐涝，忌强风；寿命短，30年左右即衰老。

【养护要点】在寒冷地区宜选背风处栽植；定植后经常进行中耕除草，灌溉施肥，整形修剪；每年花期之后立即修剪，保持花枝紧凑，花朵密集；高温高湿地区易患流胶病，应注意及早防治。此外，还要注意防治蚜虫及红蜘蛛。

【观赏与应用】桃树品种繁多，栽培简易，花期烂漫芬芳，是南北园林普遍栽培的著名观花树种。观赏桃宜植于山坡、水畔、庭院及草坪等地，以异色树种背景衬托栽植最为相宜；在我国习惯与柳树、李树等配植在一起，形成"桃李芬芳""桃红柳绿"的景色。桃树亦是重要的果树之一。

图2-73　桃（形）

图2-74　桃（叶）

图2-75　桃（花、果）

图2-76　碧桃（形）

图2-77　碧桃（叶）

图2-78　寿星桃

梅 *Prunus mume*（图2-79和图2-80）

【科属】蔷薇科，李属

【识别要点】落叶乔木，高达15m；小枝细长，绿色光滑。叶为卵形至椭圆状卵形，长4~7cm；先端尾尖或渐尖，基部广楔形或近圆形；锯齿细尖，叶柄有腺体。花单生或两三朵簇生，粉红色、白色或红色，近无梗，芳香；冬春叶前开放。果近球形，径

2~3cm，熟时黄色，果核有蜂窝状小孔。

【分布范围】梅树原产于我国西南地区，沿秦岭以南至南岭各地都有分布；栽培的梅树在长江流域及以南可露地栽植，经杂交选育的梅树在北京露地栽培亦取得成功，北方多盆栽。

【变种与品种】我国著名的梅花专家陈俊愉院士经长期深入研究建立了完整的梅花分类系统，该系统将300多个梅花品种按其种源组成分为真梅类、杏梅类和樱李梅类三个种系（branch），其下按枝态分为五类（group），再按花的特征分为十八型（form），主要类型如下。

（1）直枝梅类，为梅花的典型变种，枝条直立或斜出，如品字梅型（品字梅等）、江梅型（江梅、白梅等）、玉蝶型（玉蝶等）等。

（2）垂枝梅类，枝条自然下垂或斜垂，开花时花朵向下，如单粉垂枝型、白碧垂枝型等。

（3）龙游梅类，枝条自然扭曲，品种如龙游梅型等。

（4）杏梅类，枝条形态介于梅、杏之间，花较似杏，不香或微香，花期较晚，抗寒性极强，如北杏梅、送春等品种。

（5）樱李梅类，枝叶似紫叶李，花似梅，淡粉红色，花梗长约1cm，花叶同放，能抗-30℃的低温，1987年我国从美国引入，在北京、太原、兰州等地可露地栽培，品种如美人梅、小美人梅等。

【主要习性】梅树喜光，喜温暖湿润气候，耐寒性不强，黄河以北露地越冬困难；较耐干旱，极不耐水涝，不抗风；寿命长，可达千年。

【养护要点】梅树的优良品种多用嫁接繁殖；整形以自然形为原则，但不必过于强调分枝方向和距离而进行重剪；修剪以疏剪为主，短截以轻剪为主，花谢后疏剪病枝、枯枝及弱枝；施肥、灌水以春季开花前后为主，雨季注意排水，切不可受涝。北方植梅，冬前需灌冻水；梅易染煤烟病、白粉病和蚜虫等，须及时防治。

【观赏与应用】梅树早春开花，香色俱佳，品种极多，是我国著名的观赏花木，传统十大名花之一，栽培历史达2500年。在配植上最适宜于庭院、草坪、低山丘陵等地，孤植、丛植、群植均可，还可植为梅园。

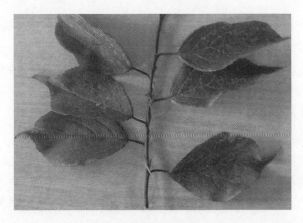

图2-79 梅（叶）

图2-80 梅（花）

榆叶梅 *Prunus triloba*（图2-81和图2-82）

【科属】蔷薇科，李属

【识别要点】落叶乔木，多呈灌木状生长；枝干紫褐色而粗糙，老干薄片状裂，小枝细长。叶为倒卵状椭圆形，长2.5～6cm；先端尖而有时有不明显3浅裂，重锯齿。花一两朵，先叶或与叶同放，粉红至深红色。核果呈球形，径1～1.5cm，黄红色，被茸毛。

【分布范围】原产于中国北部，东北、华北、华东各地普遍栽培。

【主要习性】喜光，适应性强，耐寒、耐旱，可在轻盐碱土上栽植，不耐水涝。

【养护要点】栽培管理容易；栽植应在早春进行；花后应剪短，促进重发新枝；雨季注意排水，忌涝。

【观赏与应用】榆叶梅花朵艳丽而繁茂，为北方春季著名的观花灌木，北方园林适宜大量应用，以显春光明媚、花团锦簇的欣欣向荣景象；在园林中最好以苍松、翠柏为背景丛植，或与连翘等异色树种配植，更显映衬之美。

图2-81　榆叶梅（形）　　　　　图2-82　榆叶梅（叶、花）

东京樱花（日本樱花）*Prunus yedoensis*（图2-83至图2-85）

【科属】蔷薇科，李属（樱属）

【识别要点】落叶乔木，高达15m；树皮暗灰色，光滑；嫩枝有毛。叶为椭圆状卵形或倒卵状椭圆形，长5～12cm；叶缘具尖锐重锯齿，叶端急渐尖或尾尖，叶背脉上及叶柄有毛。花白色至淡粉红色，径2～3cm，单瓣，微香，先端有缺凹；4～6朵成短总状花序；4月叶前开花或花叶同放。核果近球形，径约1cm，黑色。

【分布范围】原产于日本，中国多有栽培，以华北及长江流域各城市较多。

【主要习性】喜光，适应性较强，较耐寒，北京能露地越冬；生长快，开花多，寿命较短。

【观赏与应用】东京樱花的变种及品种甚多，开花时繁花满树，甚是美观，是著名的观花树种，但花期较短，仅1周左右即谢尽，适宜山坡、庭院和建筑物前及园路旁栽植。

图 2-83　东京樱花（形）　　　　图 2-84　东京樱花（干、花）　　　图 2-85　东京樱花（叶）

日本晚樱 *Prunus serrulata* var. *lannesiana*（图 2-86 至图 2-88）

【科属】蔷薇科，李属

【识别要点】落叶乔木，高达 10m；干皮浅灰色；小枝粗壮开展。单叶互生，叶为倒卵状椭圆形，长 5～15cm；先端渐尖呈尾状，叶缘重锯齿具长芒；叶柄上部常有一对腺体；新叶略带红褐色。花 2～5 朵聚生，单瓣或重瓣，白色至玫瑰红色；常下垂，具叶状苞片；有香气；4 月中下旬开花，花期长。果呈卵形，熟时黑色。

【分布范围】原产于日本，我国南北引种，华北可露地栽培。

【主要习性】喜光，喜肥沃而排水良好的土壤，有一定的耐寒力；开花晚，花期长，通常不结果实；根系浅，应于避风之处栽植；树龄短。

【观赏与应用】日本晚樱的花期晚但花期为樱花中最长者，有色有香；品种繁多，花色、花形丰富多样，尤其重瓣品种开花之时朵朵下垂，艳丽多姿，吸引游人驻足观赏。日本晚樱是观赏樱花的主要类群，宜群植、孤植建筑物旁或山麓缓坡之处。

图 2-86　日本晚樱（形）　　　　图 2-87　日本晚樱（干）　　　　图 2-88　日本晚樱（叶、花）

紫叶李（红叶李）*Prunus cerasifera* 'Atropurpurea'（图 2-89 和图 2-90）

【科属】蔷薇科，李属

【识别要点】落叶小乔木，高达 8m，干皮紫灰色。小枝淡红褐色，光滑无毛。单叶互生，叶为卵圆形至倒卵形，长 4.5cm 左右，重锯齿尖细，紫红色。花淡粉红色，直径约 2.5cm，常单生叶腋，与叶同放，花期 4—5 月。果呈球形，暗酒红色，常早落。

【分布范围】原产于亚洲西南部，我国大部分地区均有栽培。

【主要习性】适应性较强，喜光，在背阴处叶片色泽不佳，喜温暖湿润气候，稍耐寒，对土壤要求不严，在中性至微酸性土壤中生长最好，较耐水湿，根系较浅。

【养护要点】在冬季植株进入休眠或半休眠期后，要把瘦弱、病虫、枯死、过密等枝条剪掉；主要虫害有刺蛾、大袋蛾、叶蝉、蚜虫、蚧壳虫等，应注意及早防治。

【观赏与应用】紫叶李整个生长季节，叶片都为紫红色，是重要的观叶树种；园林中常孤植、丛植于草坪、园路旁、街头绿地、建筑物前等，注意为本树选择合适的背景颜色，以充分衬托出此树的色泽美。

图 2-89　紫叶李（形）

图 2-90　紫叶李（叶）

山楂 *Crataegus pinnatifida*（图 2-91）

【科属】蔷薇科，山楂属

【识别要点】落叶小乔木，高达 8m，常有枝刺。单叶互生，卵形，长 5～10cm；羽状 5～9 裂，裂缘有锯齿；托叶大，镰形并有齿。顶生伞房花序，花白色；花期 5—6 月。梨果近球形，红色，有宿存萼片，径 1.5～2cm，有白色皮孔；果期 9—10 月。

【分布范围】产于东北、华北、江苏、浙江，朝鲜、俄罗斯亦有分布。

【主要习性】喜光，稍耐阴，耐寒，耐旱，耐瘠薄，喜冷凉干燥气候及肥沃、湿润而排水良好的土壤，根系发达，萌蘖力强。

【观赏与应用】山楂枝繁叶茂，初夏白花满树，秋季红果累累，常植于庭院绿化及观赏，可做刺篱，宜丛植或草地上孤植。

图 2-91　山楂

木瓜 *Pseudocydonia sinensis*（图 2-92 至图 2-94）

【科属】蔷薇科，木瓜属

【识别要点】落叶小乔木，高达 10m；树皮呈斑状薄片剥落；枝无刺，但短小枝常成棘状。单叶对生，卵状椭圆形，长 5～8cm；革质，缘有芒状锐齿。花单生，粉红色，花径 2.5～3cm；花期 4—5 月。梨果呈椭球形，木质，深黄色有香气。

【分布范围】产于我国东部及中南部。

【主要习性】喜光，喜温暖湿润气候及肥沃、深厚而排水良好的土壤，耐寒性不强。

【观赏与应用】常植于庭院供观赏，是北方室内赏果上品，果可药用。

图 2-92　木瓜（形）

图 2-93　木瓜（干）

图 2-94　木瓜（叶）

悬铃木（二球悬铃木、英国梧桐） *Platanus acerifolia*（图 2-95 至图 2-97）

【科属】悬铃木科，悬铃木属

【识别要点】落叶乔木，高达 35m。枝条开展，树冠广阔，呈长椭圆形。树皮灰绿或灰白色，片状脱落，剥落后呈粉绿色，光滑。幼枝及叶被淡褐色星状毛。单叶互生，掌状 3～5 裂，边缘疏生齿牙，中裂片长宽近于相等。花单性同株，头状花序，球形，花期 5 月。聚花果呈球形，常二球一串，小坚果基部有长刺毛，果期 9—10 月。

【分布范围】世界各国多有栽培，中国各地栽培的也以本种为多。

【养护要点】悬铃木播种、扦插繁殖均可，以扦插为主，播种多于 3 月上旬进行，播后约 20 天可出苗，扦插多行春季硬枝扦插，成活率 90% 以上。悬铃木根系浅，移植易成活，但在有大风或台风地区，要注意支撑加固。

【观赏与应用】悬铃木叶大荫浓，树冠雄伟，枝叶茂密，抗污染能力强，是较理想的行道树种和工厂绿化树种，也是良好的庭荫树。

图 2-95　二球悬铃木（干）

图 2-96　二球悬铃木（叶）

图 2-97　二球悬铃木（叶、果）

臭椿 *Ailanthus altissima*（图 2-98 和图 2-99）

【科属】苦木科，臭椿属

【识别要点】落叶乔木，高可达 30m，胸径 1m 以上，树冠呈扁球形或伞形。树皮灰色，平滑，稍有浅裂纹。小枝粗壮，无顶芽。奇数羽状复叶，互生，小叶对生，纸质。雌雄同株或雌雄异株。圆锥花序顶生，杂性，淡绿色，花瓣有 5～6 瓣，柱头 5 裂。翅果，熟时褐黄色或淡红褐色，长椭圆形。种子位于中央，扁平、圆形、倒卵形。花期 5—6 月，果期 9—10 月。

【分布范围】主产于亚洲东南部。在我国，南至广东、广西、云南，北至辽宁南部，共跨 22 个省（区、市），而以黄河流域为分布中心，垂直分布在海拔 100～2000m 范围内。

【主要习性】喜光，不耐阴，适应性强；除黏土外，各种土壤和中性、酸性及钙质土壤都能生长，适生于深厚、肥沃、湿润的砂质土壤；耐寒，耐旱，不耐水湿，长期积水会烂根死亡，深根性。

【养护要点】一般播种繁殖，分蘖或根插繁殖成活率也很高。

【观赏与应用】臭椿树干通直高大，树冠开阔，叶大荫浓，春季嫩叶紫红色，秋季红果满树，是良好的观赏树种和行道树种；可孤植、丛植或与其他树种混栽；它因具有较强的抗烟能力，适宜于工矿区的绿化。

图 2-98　臭椿（干）　　　　　图 2-99　臭椿（叶）

三角枫（三角槭）*Acer buergerianum*（图 2-100 和图 2-101）

【科属】槭树科，槭树属

【识别要点】落叶乔木，树皮暗灰色，片状剥落。叶为卵形至倒卵形，常 3 浅裂，裂片全缘或疏生浅齿，3 主脉。花杂性，黄绿色，顶生伞房花序，花期 4 月，翅果，两果翅张开成锐角或近于平行，果期 9—10 月。

【分布范围】三角枫为中国原产树种，久经栽培，长江流域至华北南部都有分布。

【主要习性】弱阳性树种，稍耐阴，喜温暖湿润气候，有一定耐寒能力，在北京可露地越冬，喜酸性、中性土壤，较耐水湿，萌芽力强，耐修剪。

【养护要点】根系发达，裸根移栽不难成活，但大树移栽要带土球。

【观赏与应用】春季花色黄绿，入秋叶片变红，颇为美观，是良好的秋色叶树种；宜做庭荫树、行道树，或点缀于草坪、湖岸、亭廊、山间都很合适，也是优良的盆景树种。

图 2-100　三角枫（干）　　　　　图 2-101　三角枫（叶）

鸡爪槭 *Acer palmatum*（图 2-102 和图 2-103）

【科属】槭树科，槭树属

【识别要点】落叶乔木，高为 8～13m，树皮光滑，灰褐色，树冠呈伞形。小枝细长，光滑，紫色。叶掌状 5～9 深裂，基部为心形，裂片先端锐尖，边缘有重锯齿。伞房花序顶生，紫色，总花梗长 2～3cm，花期 5 月。翅果，两翅展开成钝角，果期 10 月。

【分布范围】分布于长江流域各省（区、市），现全国各地都有栽培。

【变种与品种】主要变种如下。

（1）细叶鸡爪槭 var. *dissectum*，俗称羽毛枫，叶掌状深裂几达基部，裂片狭长又羽状细裂；树冠开展而枝略下垂，通常树体较矮小。我国华东各城市庭园中广泛栽培观赏（图 2-104 和图 2-105）。

（2）紫红鸡爪槭 'Atropurpureum'，俗称红枫，叶常年红色或紫红色，株态、叶形同鸡爪槭。

【主要习性】弱阳性树种，耐半阴，阳光直射树干易造成日灼，耐寒性不强，对土壤要求不严，较耐干旱，不耐水涝。

【养护要点】鸡爪槭孤植时应注意防止日灼为害。

【观赏与应用】树姿婀娜，叶形秀丽，新叶红色，秋叶色更加红艳，其园艺品种更是鲜艳夺目、丰富多彩，为优良的观叶树种；宜植于庭院、草坪、土丘，或与假山配植，以常绿树或白粉墙做背景更能凸显其雅致，也可制成盆景或盆栽供欣赏。

图 2-102　鸡爪槭（形）

图 2-103　鸡爪槭（叶、果）

图 2-104　羽毛枫（形）

图 2-105　羽毛枫（叶、果）

喜树 *Camptotheca acuminata*（图 2-106 至图 2-108）

【科属】蓝果树科，喜树属

【识别要点】落叶乔木，高达 25～30m。单叶互生，椭圆形至长卵形，长 8～20cm，先端突渐尖，基部广楔形，全缘（萌蘖枝及幼树枝之叶常疏生锯齿）或微呈波状，羽状脉弧形而在表面下凹，表面亮绿色，背面淡绿色，疏生短柔毛，脉上尤密。叶柄长 1.5～3cm，常带红色。花单性同株，头状花序具长柄，雌花序顶生，雄花序腋生；花萼 5 裂，花瓣 5 片，淡绿色；雄蕊 10 枚，子房 1 室。坚果香蕉形，有窄翅，长 2～2.5cm，集生成球形。花期 7 月；果 10—11 月成熟。

【分布范围】四川、安徽、江苏、河南、江西、福建、湖北、湖南、云南、贵州、广西、广东等长江以南各地及部分长江以北地区均有分布和栽培；垂直分布在 1000m 以下。

【主要习性】性喜光，稍耐阴；喜温暖湿润气候，不耐寒。喜深厚肥沃湿润土壤，较耐水湿，不耐干旱瘠薄土地，在酸性、中性及弱碱性土上均能生长。一般以在河滩、湖池堤岸或渠道旁生长最佳。

【养护要点】大面积绿化时可用截干栽根法。定植后的管理主要是培养通直的主干，于春季注意抹除蘖芽。在风景区中可与栾树、榆树、臭椿、水杉等混植，因幼树较耐阴，故可天然更新。

【观赏与应用】主干通直，树冠宽展，叶荫浓郁，是良好的"四旁"绿化树种。

图 2-106　喜树（形）　　图 2-107　喜树（干）　　图 2-108　喜树（叶、果）

七叶树 *Aesculus chinensis*（图 2-109 和图 2-110）

【科属】七叶树科，七叶树属

【识别要点】落叶乔木，高达 25m，树皮深褐色或灰褐色，呈片状剥落，有圆形或椭圆形淡黄色的皮孔。掌状复叶，小叶 5~7 枚，倒卵状长椭圆形至长椭圆状倒披针形，先端渐尖，基部楔形，叶缘具细锯齿，仅背面脉上疏生茸毛。花杂性同株，顶生圆锥花序，长而直立，近圆柱形，花白色，边缘有毛。花期 5 月。种子深褐色，果期 9—10 月。

【分布范围】在我国黄河流域及东部各地均有栽培，仅秦岭有野生。

【主要习性】喜光，稍耐阴；喜温暖气候，也能耐寒，畏干热；喜深厚、肥沃、湿润而排水良好的土壤；深根性，萌芽力不强，生长速度中等偏慢，寿命长。

【养护要点】主要用播种繁殖，扦插、高空压条也可。七叶树在炎热的夏季叶子易遭日灼。

【观赏与应用】七叶树树形优美，花大秀丽，果形奇特，是优良的观叶、观花、观果树种，为世界著名的观赏树种之一，宜做庭荫树和行道树。七叶树可孤植、群植，或与常绿树和阔叶树混种。

图 2-109　七叶树（形）　　图 2-110　七叶树（叶、果）

无患子 *Sapindus saponaria*（图 2-111 至图 2-113）

【科属】无患子科，无患子属

【识别要点】落叶或半常绿乔木，高达 20～25m。枝开展，成广卵形或扁球形树冠。树皮灰白色，平滑不裂；小枝无毛，芽两个叠生。羽状复叶互生，小叶 8～14 对，互生或近对生，卵状披针形或卵状长椭圆形，长 7～15cm，先端尖，基部不对称，全缘，薄革质，无毛。花黄白色或带淡紫色，成顶生多花圆锥花序。核果近球形，熟时黄色或橙黄色；种子球形，黑色，坚硬。花期 5—6 月，果 9—10 月成熟。

【分布范围】产长江流域及其以南各地；越南、老挝、印度、日本亦产。为低山、丘陵及石灰岩山地习见树种。

【主要习性】喜光，稍耐阴；喜温暖湿润气候，耐寒性不强，对土壤要求不严，在酸性、中性、微碱性及钙质土上均能生长，而以土层深厚、肥沃而排水良好之地生长最好。深根性，抗风力强，萌芽力弱，不耐修剪。生长尚快，寿命长。对二氧化硫抗性较强。

【养护要点】移栽在春季芽萌动前进行，小苗带些宿土，大苗须带土球。

【观赏与应用】树形高大，树冠广展，绿荫稠密，秋叶金黄，颇为美观。宜做庭荫树及行道树，孤植、丛植在草坪、路旁或建筑物附近都很合适。若与其他秋色叶树种及常绿树种配植，更可为园林秋景增色。

图 2-111　无患子（形）　　　　图 2-112　无患子（干）　　　　图 2-113　无患子（叶、果）

黄山栾树（全缘叶栾树） *Koelreuteria bipinnata* 'integrifoliola'（图 2-114 至图 2-118）

【科属】无患子科，栾树属

【识别要点】落叶乔木，高达 17～20m，胸径 1m；树冠广卵形。树皮暗灰色，片状剥落；小枝暗棕色，密生皮孔。2 回羽状复叶，长 30～40cm，小叶 7～11 对，长椭圆状卵形，长 4～10cm，先端渐尖，基部圆形或广楔形，全缘，或偶有锯齿，两面无毛或背脉有毛。花黄色，成顶生圆锥花序。蒴果椭球形，长 4～5cm，顶端钝而有短尖。花期 8—

9月；果10—11月成熟。

【分布范围】产江苏南部、浙江、安徽、江西、湖南、广东、广西等地。多生于丘陵、山麓及谷地。

【主要习性】喜光，幼年期耐阴；喜温暖湿润气候，耐寒性差；对土壤要求不严，微酸性、中性土上均能生长。深根性，不耐修剪。

【观赏与应用】枝叶茂密，冠大荫浓，初秋开花，金黄亮丽，淡红色如灯笼般的果实挂满树梢，十分美观。宜做庭荫树、行道树及园景树栽植，也可用于居民区、工厂区及"四旁"绿化。木材坚重，可供建筑等用。根、花可供药用；种子可榨油。

图2-114 黄山栾树（形）　　图2-115 黄山栾树（干）　　图2-116 黄山栾树（叶）

图2-117 黄山栾树（花）　　　　图2-118 黄山栾树（果）

毛泡桐（紫花泡桐）*Paulownia tomentosa*（图2-119至图2-121）

【科属】玄参科，泡桐属

【识别要点】乔木，高15m；树冠宽大圆形，树干耸直，树皮褐灰色；小枝有明显皮孔，幼时常具黏质短腺毛。叶阔卵形或卵形，长20～29cm，宽15～28cm，先端渐尖或锐尖，基部心形，全缘或3～5裂，表面被长柔毛、腺毛及分枝毛，背面密被具长柄的白色树枝状毛。花蕾近圆形，密被黄色毛；花萼浅钟形，裂至中部或过中部，外面绒毛不脱落；花冠漏斗状钟形，鲜紫色或蓝紫色，长5～7cm。蒴果卵圆形，长3～4cm，宿萼不反卷。花期4—5月，果8—9月成熟。

【分布范围】辽宁南部、河北、河南、山东、江苏、安徽、湖北、江西等地通常栽培。

【主要习性】强喜光树种，不耐庇荫。对温度的适应范围较宽，但气温在38℃以上生长受阻，极端最低温度 –25～–20℃时易受冻害，日平均温度24～29℃时为生长的最适宜温度。根系近肉质，怕积水而较耐干旱。在土壤深厚、肥沃、湿润、疏松的条件下，才能充分发挥其速生的特性；土壤pH以6～7.5为好，不耐盐碱，喜肥。生长迅速，管理得好，5～6年即可成材。根系发达，分布较深。

【养护要点】典型的假二叉分枝，自然接枝性较弱。树皮薄，损伤后很难愈合，并易受冻害和日灼，应注意避免暴晒和冻害。枝条受伤不易愈合，修枝要适当。自花不孕或同株异花不孕，而授以同种异株或不同种的花粉，则结果累累。

【观赏与应用】毛泡桐树干端直，树冠宽大，叶大荫浓，花大而美，并且对二氧化硫、氯气、氟化氢、硝酸雾的抗性均强，宜做行道树、庭荫树、"四旁"绿化树种。此外，毛泡桐也是重要的速生用材树种。

图2-119　毛泡桐（干）　　　图2-120　毛泡桐（叶、花）　　　图2-121　毛泡桐（叶背）

楸树 *Catalpa bungei*（图2-122和图2-123）

【科属】紫葳科，梓树属

【识别要点】落叶乔木，树干挺直，树皮灰色，高15～30m；树冠呈狭卵形；小枝无毛，干皮纵裂。叶对生或3枚轮生，卵状三角形，长6～15cm；叶近全缘，近基部偶有侧裂或尖齿；叶两面无毛，基部有两个紫斑。顶生总状花序伞房状，有2～12朵；花冠白色，内有两条黄色条纹及暗紫色斑点；花期4—6月。蒴果细长，下垂果期9—10月。

【分布范围】主产于黄河流域、长江流域，北京、河北、浙江等地也有分布。

【主要习性】喜温和湿润气候，不耐严寒，不耐干旱和水湿，忌地下水位过高，抗有害气体能力强，根系发达，萌蘖力强。

【观赏与应用】树姿俊秀，高大挺拔，枝繁叶茂，每至花期，繁花满枝，随风摇曳，赏心悦目，是优良的绿化、观赏树种，可植为庭荫树、行道树。

图 2-122　楸树（干）

图 2-123　楸树（叶）

梓树 *Catalpa ovata*（图 2-124 和图 2-125）

【科属】紫葳科，梓树属

【识别要点】落叶乔木，高达 10～20m。树冠开展呈伞形。树皮灰褐色，纵裂。叶对生或近于对生，有时轮生，广卵形或近圆形，顶端渐尖，基部心形，叶片上面及下面均粗糙，微被茸毛或近于无毛。顶生圆锥花序，花序梗微被茸毛。花期 5—6 月，果期 7—9 月。

【分布范围】梓树分布广，东北、华北、中南北部均有分布，以黄河中下游为分布中心。

【主要习性】喜光，喜温暖湿润气候，稍耐阴，颇耐寒，在暖热气候下生长不良；喜深厚、肥沃、湿润土壤，不耐干旱、瘠薄，能耐轻盐碱土壤，对氯气、二氧化硫和烟尘的抗性均强。

【养护要点】可播种繁殖，于 11 月采种干藏，翌年春天 4 月条播，于 6—7 月扦插繁殖，采当年半木质化枝条做插穗，插后保温保湿，并遮阴，约 20 天即可生根，移栽定植宜在早春萌芽前进行。梓树易受吉丁虫及天牛危害，应注意及时防治。

【观赏与应用】梓树树冠宽大，春、夏黄花满树，秋冬荚果悬挂，十分美丽，适用做行道树和庭荫树，为庭院、宅旁常用绿化树种，常与桑树配植。

图 2-124　梓树（形）

图 2-125　梓树（叶）

枫香（枫香树）*Liquidambar formosana*（图 2-126 和图 2-127）

【科属】金缕梅科，枫香属

【识别要点】落叶乔木，高达 40m，树干灰褐，浅纵裂，老时不规则深裂，树冠呈广卵形。叶为阔卵形，掌状 3 裂，基部截形或微心形，先端尾状渐尖，网脉明显，边缘有锯齿。头状花序，单性同株。头状果序呈圆球形，木质。

【分布范围】在长江流域及其以南地区均有分布。

【变种与品种】枫香的主要变种有光叶枫香 var. *monticola*、短萼枫香 var. *brevicalycina*。

【主要习性】喜光，喜温暖、湿润气候，不耐寒，黄河以北不能露地越冬，耐干旱、瘠薄土壤，不耐水涝，深根性，主根粗长，抗风力强，不耐修剪，不耐移植，对二氧化硫、氯气等有害气体有较强抗性。

【养护要点】枫香为城市绿化用苗，需在苗圃内多次断根移植，促生须根，否则不易成功，移栽时间在秋季落叶后或春季萌芽前为宜。

【观赏与应用】枫香树干通直，树体雄伟，深秋叶色红艳，美丽壮观，是南方著名的秋色叶树种，可孤植或丛植于草坪，或于山坡、池畔与银杏、无患子等秋叶变黄的树种混植，使秋景更为丰富。枫香对有毒气体抗性强，可用于工矿区绿化。

图 2-126 枫香（形）

图 2-127 枫香（叶、果）

丝绵木（桃叶卫矛、白杜）*Euonymus maackii*（图 2-128）

【科属】卫矛科，卫矛属

【识别要点】落叶小乔木，高达 8m；小枝细长，近四棱，绿色光滑。单叶对生，菱状椭圆形、卵状椭圆形，长 4~8cm；先端长锐尖，叶缘有细锯齿，叶柄长 2~3cm。腋生聚伞花序，花小，淡绿色；花期 5 月。蒴果粉红色，4 深裂，种子具橘红色假种皮；果 10 月成熟，宿存时间较长。

【分布范围】产于中国，东北、华北、长江流域各地以及甘肃、陕西、四川等均有栽培。

【主要习性】喜光，稍耐阴，耐寒，耐旱，也耐水湿，深根性，抗风，萌蘖力强，生长较慢，抗二氧化硫，较长寿，北京有百年古树。

【养护要点】苗木栽植以细土拥根、压实，栽植不宜过深，以免根部多生萌蘖；夏季适当庇荫；易遭天幕毛虫、黄杨尺蠖及黄杨斑蛾等虫害，应注意及早防治。

【观赏与应用】丝绵木枝叶秀丽，粉红色蒴果宿存枝头时间较长，甚美，是良好的园林绿化观赏树；可以孤植、丛植或群植于湖岸、溪边、林缘、草地，也可用于工矿区绿化。

图 2-128　丝棉木

乌桕 *Triadica sebifera*（图 2-129 至图 2-131）

【科属】大戟科，乌桕属

【识别要点】落叶乔木，高达 15m；树冠圆球形。树皮暗灰色，浅纵裂；小枝纤细。叶互生，纸质，菱状广卵形，长 5～9cm，先端尾状，基部广楔形，全缘，两面均光滑无毛；叶柄细长，顶端有 2 腺体。花序穗状，顶生，长 6～12cm，花小，黄绿色。蒴果 3 棱状球形，径约 1.5cm，熟时黑色，3 裂，果皮脱落；种子黑色，外被白蜡，固着于中轴上，经冬不落。花期 5—7 月，果 10—11 月成熟。

【分布范围】中国分布很广，主产长江流域及珠江流域，浙江、湖北、四川等地栽培较集中。日本、印度亦有分布。垂直分布一般多在海拔 1000m 以下，在云南可达2000m 左右。

【主要习性】喜光，喜温暖气候及深厚肥沃而水分丰富的土壤。稍耐寒，并有一定的耐旱、耐水湿及抗风能力。多生于田边、溪畔，并能耐间歇性水淹，也能在江南山区当风处栽种。对土壤适应范围较广，无论砂壤、黏壤、砾质壤土均能生长，对酸性土、钙土及含盐在 0.25% 以下的盐碱地均能适应，但过于干燥和瘠薄地不宜栽种。乌桕能抗火烧，并对二氧化硫及氯化氢抗性强。

【养护要点】乌桕树干不易长直，主要是侧枝生长强于顶枝。为了促使顶枝生长，在育苗过程中可采用适当密植、剪除侧芽以及增施肥料等栽培措施。这样就可以获得直干的苗木供园林绿化之用。乌桕移栽宜在萌芽前春暖时进行，如果苗木较大，最好带土球移栽。

【观赏与应用】乌桕树冠整齐，叶形秀丽，秋叶经霜时如火如荼，十分美观，有"乌桕赤于枫，园林二月中"之赞名。若与亭廊、花墙、山石等相配，也甚协调。冬日白色的乌桕子挂满枝头，经久不凋，也颇美观。可孤植、丛植于草坪和湖畔、池边，在园林绿化中可栽做护堤树、庭荫树及行道树。在城市园林中，乌桕可做行道树，可栽植于道路景观带，也可栽植于广场、公园、庭院中，或成片栽植于景区、森林公园中，能产生良好的造景效果。此外，乌桕是我国南方重要的工业油料树种。种子外被之蜡质称"柏蜡"，可提制"皮油"，供制高级香皂、蜡纸、蜡烛等；种仁榨取的油称"柏油"或"青油"，供油漆、油墨等用。

图 2-129　乌桕（形）　　　　图 2-130　乌桕（干）　　　　图 2-131　乌桕（叶）

鹅耳枥 Carpinus turczaninowii（图 2-132）

【科属】桦木科，鹅耳枥属

【识别要点】落叶乔木，树冠紧密且不整齐，株高 5~15m；树皮灰褐至黑褐，浅纵裂；小枝有毛，冬芽褐色。单叶互生，卵形或椭圆状卵形，半革质；先端渐尖，基部圆形或近心形，缘有重锯齿；叶表面深绿而光亮，侧脉 8~12 对，背脉有毛。雄花序生于叶腋，雌花序生于枝顶。果序稀疏下垂；果苞叶状，偏长卵形，一边全缘，一边有齿，长 3~6cm；小坚果着生果苞基部；果期 9—10 月。

【分布范围】产于我国辽宁南部、华北及黄河流域，日本、朝鲜也有分布。

【主要习性】喜光，稍耐阴，耐干旱、瘠薄，较耐寒，喜湿润、肥沃中性或石灰性土壤，根系良好，萌芽力强，移栽易成活。

【观赏与应用】鹅耳枥枝叶茂密，叶形秀丽，经霜变为红褐色，且经冬不落；果序奇特，宜植于园林观赏，亦是北方制作盆景的好材料。

图 2-132　鹅耳枥

秤锤树 *Sinojackia xylocarpa*（图 2-133 至图 2-135）

【科属】安息香科，秤锤树属

【识别要点】落叶乔木，高达 6m。单叶互生，椭圆形至椭圆状倒卵形，长 3.5~9cm，缘有硬骨质细锯齿，无毛或仅中脉上有星状毛。花白色，径约 2.5cm，花冠 5~7 裂，基部合生，雄蕊 10~14 枚，成轮着生于花冠基部；花柄细长下垂，长 2.5~3cm；腋生聚伞花序。果实形似秤锤，长 1.5~2cm，木质，有白色斑纹，顶端宽圆锥形。花期 4 月下旬，10—11 月果熟。

【分布范围】产江苏，分布于长江流域各地，常生山坡、路旁树林中。

【主要习性】喜光也耐半阴，好湿润及温暖，喜深厚肥沃排水良好的砂质壤土，忌水淹。

【观赏与应用】本种花白色、美丽，果实形似秤锤，颇为奇特，宜做园林绿化及观赏树种。

图 2-133 秤锤树（形）

图 2-134 秤锤树（果）

图 2-135 秤锤树（叶）

项目3 常绿乔木的识别与应用

  乔木是指树身高大的树木，由根部发生独立的主干，树干和树冠有明显区分。有一个直立主干，且通常高达六米至数十米的木本植物称为乔木。其往往树体高大，具有明显的高大主干。乔木是园林中的骨干树种，无论在功能上还是艺术处理上都能起主导作用，诸如界定空间、提供绿荫、防止眩光、调节气候等。

  常绿乔木是老叶未脱落就长新叶，其叶寿命是两三年或更长，并且每年都有新叶长出，在新叶长出的时候也有部分旧叶的脱落，由于是陆续更新，所以终年都能保持常绿。这类乔木由于具有四季常青的特性，其美化和观赏价值较高，在改善秋冬季生态环境和景观方面发挥着重要的作用。

  根据园林绿化工作实践，以实用为目的，本项目将常绿乔木的识别与应用设计为三个任务，包括常绿乔木的识别、常绿乔木的园林应用调查、常绿乔木树种优化方案的制订。

知识目标

（1）掌握常见常绿乔木的识别要点。

（2）掌握常见常绿乔木的观赏特性和园林的应用特点。

（3）熟悉常绿乔木的生态习性和养护要点。

能力目标

（1）能够识别常见常绿乔木30种以上。

（2）能够根据常绿乔木的观赏特点、植物文化和生态习性合理地应用。

（3）能够根据具体绿地性质进行合理配置。

素质目标

（1）提升对园林植物景观的艺术审美能力。

（2）培养分析问题、解决问题的能力。

（3）提升小组分工合作、沟通交流的能力。

任务 3.1 常绿乔木的识别

学习任务

调查所在校园或居住区、城市公园等环境内的常绿乔木种类（不少于 30 种），调查内容包括调查地点常绿乔木树种名录、主要识别特征等，完成常绿乔木树种识别调查报告。

任务分析

该任务要求学生在掌握常见常绿乔木的识别特征的前提下，通过实地调研完成调研报告。

任务实施

材料用具： 植物检索工具书、形色、花伴侣等识别软件、相机、记录本、笔。

实施过程：

（1）调查准备：学习相关理论知识，确定调查对象，制订调查方案。

（2）实地调研：教师现场讲解，指导学生识别。学生分组活动，调查绿地内常绿乔木的种类，记录每种树木的名称、科属、典型识别特征，拍摄树木整体形态和局部细节图片。

（3）整理调查记录表和图片，完成调查报告及 PPT。

（4）组间交流讨论，指导教师点评总结。

任务完成

完成调研分析报告（Word 及 PPT 版），并填写表 3-1。

表 3-1　常绿乔木种类统计表

序号	树种名称	拉丁学名	典型识别特征	备注
1				
2				
3				
4				
⋮				

任务评价

考核内容及评分标准见表 3-2。

表 3-2 评分标准

序号	评价内容	评价标准	满分	说　明	自评得分	师评得分	互评得分	平均分
1	树种调查	调查过程是否认真	10	①调查态度认真得 9~10 分；②调查态度一般得 6~8 分；③调查敷衍或未调查得 0~5 分				
2	调查报告	完成态度，分析是否全面、准确	70	①报告中包含 30 种以上常绿乔木，对树种识别特征描述全面、准确，图文并茂，图片包含整体树形和局部细节图，得 61~70 分；②基本能识别 30 种左右常绿乔木，树种识别特征描述基本准确，但调研报告完成态度敷衍，拍摄图片无法体现典型识别特征为 51~60 分；③报告中常绿乔木种类远小于 30 种，树种识别特征描述错误较多为 50 分以下				
3	结果汇报	PPT 制作是否精美，汇报语言是否流利，仪态是否大方、自信	10	① PPT 制作精美，汇报语言流利，仪态大方、自信得 9~10 分；② PPT 内容完整，汇报基本完成得 6~8 分；③ PPT 制作敷衍，内容不完整，汇报语言不流利得 0~5 分				
4	小组合作	组内分工是否合理，成员配合默契程度	10	①组员分工明确、配合默契得 9~10 分；②组员分工基本合理，配合一般得 6~8 分；③组员未分工，互相推诿得 0~5 分				

任务 3.2　常绿乔木的园林应用调查

学习任务

调查所在校园或居住区、城市公园等环境内的常绿乔木的园林应用形式和观赏特征，完成常绿乔木的园林应用调查报告。

任务分析

　　该任务要求学生在掌握常见常绿乔木的园林应用形式及观赏特征的前提下，通过实地调研完成调研报告。

任务实施

　　材料用具： 相机、记录本、笔。

　　实施过程：

　　（1）调查准备：学习相关理论知识，确定调查对象，制订调查方案。

　　（2）实地调研：分组调查绿地内常绿乔木的主要观赏部位、观赏特征以及园林应用形式，拍摄图片，及时记录。

　　（3）整理调查记录表和图片。

　　（4）对调查结果进行分析，完成调查报告及 PPT。

　　（5）组间交流讨论，指导教师点评总结。

任务完成

　　完成调研分析报告（Word 及 PPT 版），绘制现有树种分布草图，并填写表 3-3。

表 3-3　常绿乔木种类统计表

序号	树种名称	主要观赏部位及特征	园林应用形式	备注
1				
2				
3				
4				
⋮				

任务评价

　　考核内容及评分标准见表 3-4。

表 3-4 评分标准

序号	评价内容	评价标准	满分	说明	自评得分	师评得分	互评得分	平均分
1	树种调查	调查过程是否认真	10	①调查态度认真得9~10分；②调查态度一般得6~8分；③调查敷衍或未调查得0~5分				
2	调查报告	完成态度，分析是否全面、准确	70	①调查报告完成态度认真，对观赏特征、园林应用形式分析全面、准确，图文并茂得61~70分；②调查报告完成态度一般，对观赏特征、园林应用形式分析基本准确为51~60分；③调查报告完成态度敷衍，对观赏特征、园林应用形式分析片面、不准确，图文不符得50分以下				
3	结果汇报	PPT制作是否精美，汇报语言是否流利，仪态是否大方、自信	10	①PPT制作精美，汇报语言流利、仪态大方、自信得9~10分；②PPT内容完整，汇报基本完成得6~8分；③PPT制作敷衍，内容不完整，汇报语言不流利得0~5分				
4	小组合作	组内分工是否合理，成员配合默契程度	10	①组员分工明确、配合默契得9~10分；②组员分工基本合理，配合一般得6~8分；③组员未分工，互相推诿得0~5分				

任务 3.3　常绿乔木树种优化方案的制订

学习任务

对校园或居住区、城市公园进行绿化提升与树种优化，重点掌握如何合理选择常绿乔木以丰富季相景观。

任务分析

本任务要从了解场地环境特点、自然条件和树种选择要求开始，深入调查和研究能够适合场地环境应用特色的常绿乔木种类，制订常绿乔木树种优化方案。树种选择应突出常绿乔木观赏特征以及与绿化环境的适应性。

任务实施

材料用具： 相机、记录本、笔。

实施过程：

（1）调查准备：确定学习任务小组分工，明确任务，制订任务计划；整理校园或居住区、城市公园自然条件的相关资料。

（2）实地调研：调查校园或居住区、城市公园内的常绿乔木生长环境及园林景观效果。

（3）根据调研结果，分析校园或居住区、城市公园内的常绿乔木生长环境是否符合其生态习性要求，常绿乔木观赏特性的应用是否合理，对应用不合理的常绿乔木提出替代树种，从而制订常绿乔木树种优化方案。

（4）完成调研报告及PPT。

（5）组间交流讨论，指导教师点评总结。

任务完成

（1）完成调研报告：常绿乔木树种优化方案（Word版）。

（2）制作PPT并进行方案汇报。

任务评价

考核内容及评分标准见表3-5。

表3-5 评分标准

序号	评价内容	评价标准	满分	说　明	自评得分	师评得分	互评得分	平均分
1	场地调研	调查过程是否认真	10	①调查态度认真得9~10分；②调查态度一般得6~8分；③调查敷衍或未调查得0~5分				
2	调查报告	完成态度，分析是否全面、准确	40	①调查报告完成态度认真，对常绿乔木应用情况分析全面、准确，图文并茂得31~40分；②调查报告完成态度一般，对常绿乔木应用情况分析基本准确得21~30分；③调查报告完成态度敷衍，对常绿乔木应用情况分析片面、不准确，图文不符得20分以下				

续表

序号	评价内容	评价标准	满分	说　明	自评得分	师评得分	互评得分	平均分
2	调查报告	常绿乔木树种优化是否合理	30	①常绿乔木树种选择符合当地生态条件要求，观赏特性应用合理，景观效果好得 21~30 分；②常绿乔木树种选择基本符合当地生态条件，但景观效果较差得 11~20 分；③常绿乔木树种选择不符合当地生态条件要求得10 分以下				
3	结果汇报	PPT 制作是否精美，汇报语言是否流利，仪态是否大方、自信	10	① PPT 制作精美，汇报语言流利，仪态大方、自信得 9~10 分；② PPT 内容完整，汇报基本完成得 6~8 分；③ PPT 制作敷衍，内容不完整，汇报语言不流利得 0~5 分				
4	小组合作	组内分工是否合理，成员配合默契程度	10	①组员分工明确，配合默契得 9~10 分；②组员分工基本合理，配合一般得 6~8 分；③组员未分工，互相推诿得 0~5 分				

理论认知

侧柏 *Platycladus orientalis*（图 3-1 至图 3-3）

【科属】柏科，侧柏属

【识别要点】常绿乔木，高达 20m，胸径 1m，树皮淡灰色。幼树树冠尖塔形，老则广圆形。叶枝直展，扁平，排成一平面，两面同形，鳞叶长 1~3mm，先端微钝。雌雄同株，球花单生枝顶。花期 3—4 月，球果当年 9—10 月成熟，卵状椭圆形，长 1.5~2cm；种鳞木质，厚而扁平，种子椭圆形或卵形，无翅，顶端有短膜，侧面微有棱角。

【变种与品种】侧柏在园林中应用的品种如下。

（1）千头柏 'Sieboldii'，丛生灌木，无明显主干，枝密生，树冠呈紧密卵圆形或球形，叶鲜绿色，球果白粉多，可以播种繁殖。近年来园林上应用较多，其观赏性比原种好，可栽植做绿篱或园景树。

（2）金塔柏（金枝侧柏）'Beverleyensis'，树冠呈塔形，叶金黄色，在南京、杭州等地有栽培，北京近年来开始引种。

（3）洒金千头柏 'Aurea'，密丛状小灌木，树冠呈圆形至卵圆形，叶淡黄绿色，入冬略转成褐绿色，在杭州一带有栽培。

【分布范围】原产于华北、东北，全国各地均有栽培。

【主要习性】为温带阳性树种。喜光，但幼龄期稍耐阴。适应干冷及暖湿气候，抗旱性强。适生于中性、酸性及微碱性土，在干燥瘠薄的向阳山坡、石缝中也能生长。在石灰岩山地，pH 为 7～8 时生长最旺盛，是石灰岩山地优良的园林树种，抗盐碱力较强，含盐量在 0.2% 左右也能适应。浅根性，萌芽性强。

【养护要点】春季播种，播前需进行催芽处理，侧柏幼苗期须根发达，移栽易成活，春季移植小苗要带土球，雨季可以进行裸根移植。

【观赏与应用】侧柏为我国北方应用最广，栽培观赏历史最久的园林树种。其树冠参差，枝叶低垂，宛若碧盖，群植中混交一些观叶树种，则斑斓若霞，交相辉映，艳丽夺目。历来侧柏多配植于陵园墓地、通道、庙宇和名胜古迹。群植侧柏，并与汉白玉石栏杆及青砖古路相配，则对比强，衬托主体，突出主题，同时又萧静清幽，构成绝妙的艺术境地。侧柏亦可用于道路庇荫或树篱，若密植于风景区道旁，并加以整修，则颇为别致。

图 3-1　侧柏（干）　　　　图 3-2　侧柏（枝）　　　　图 3-3　侧柏（叶、果）

圆柏 *Sabina chinensis*（图 3-4 至图 3-6）

【科属】柏科，圆柏属

【识别要点】常绿乔木，高达 20m，胸径达 3.5m。树冠尖塔形或圆锥形，老年时成广卵形、球形或钟形。树皮呈浅纵条剥离，有时呈扭转状。老枝常扭曲状；小枝直立或斜伸或略下垂。冬芽不甚显著。叶有两种，鳞叶交互对生，多生于老树或老枝上；刺叶常 3 枚轮生，叶上面微凹，多见于幼树及幼枝上。雌雄异株，稀同株；花期 4 月下旬，雄球花黄色，雌球花有珠鳞 6～8 对，对生或轮生。球果次年 10—11 月成熟，熟时暗褐色，卵圆形；种鳞合生，肉质，不开裂，种子卵圆形，有棱脊。

【分布范围】原产于我国东北南部及华北，北达内蒙古及沈阳，南至两广北部，东自滨海各地，西抵四川、云南。朝鲜及日本亦有分布。

【变种与品种】

（1）龙柏 'Kaizuka'，树形挺秀，枝叶紧密，叶色苍翠，稍加整扎，形如宝塔，侧枝扭转旋上，宛若游龙。小枝密，在枝端簇状密生，全为鳞叶，幼时淡黄绿色；球果蓝黑，略有白粉。常以扦插或嫁接繁殖。龙柏为华北南部及华东各城市常见之栽培品种（图 3-7 至图 3-9）。

（2）塔柏 'Pyramidalis'，枝密生向上直生。树冠圆柱状尖塔形，叶几乎全为刺叶。原多栽培于四川墓地及重庆市公园内。现华北及长江流域均有栽培。

（3）金叶桧 'Aurea'，直立窄圆锥形灌木，高 3～5m，枝上伸；小枝具刺叶及鳞叶，刺叶具窄而不显之灰蓝色气孔带，中脉及边缘黄绿色，鳞叶金黄色。

（4）匍地龙柏 'Kaizuca Procumbens'，无直立主干，植株就地平展。系庐山植物园用龙柏侧枝扦插后育成（图 3-10 和图 3-11）。

（5）球柏 'Globosa'，丛生灌木，近球形，枝密生；多为鳞叶，间有刺叶。

（6）金枝球柏 'Aureoglobosa'，丛生灌木，树冠近球形；多为鳞叶。小枝顶端初为金黄色。上海、杭州、南京及北京有栽种。

（7）羽桧 'Plumosa'，矮生，广阔灌木，树高 1～1.5m，主枝常偏于一侧，散展；小枝前伸，枝丛密，羽状。叶鳞状，密着，暗绿色，在树膛内夹有若干反映幼龄性状的刺叶。

（8）鹿角桧 'Pfitzeriana'，丛生灌木，干枝自地面向四周斜展、上伸，风姿优雅，适于自然式庭园配植。

（9）偃柏 var. *sargentii*，本变种与圆柏（原变种）的区别在于它为匍匐灌木，小枝上伸成密丛状，刺叶通常交叉对生，长 3～6mm，排列较紧密，微斜展，球果带蓝色。

（10）垂枝圆柏 'Pendula'，枝长，小枝下垂。

【主要习性】圆柏虽习称阴性树，但实为喜光树种而耐阴性较强。耐寒、耐热，对土壤要求不严，能生于酸性、中性及石灰质土壤，能抗一定干旱及潮湿土壤，为石灰岩山地良好的绿化造林树种。深根性，侧根亦很发达。生长速度中等，25 年者达 8m。寿命可达千百余年。对多种有害气体有一定抗性，为针叶树中对氟化氢抗性较强的树种。能吸收一定量的硫和汞，阻声及隔音效果良好。

【养护要点】圆柏不能与苹果园、梨园靠近，也不能与之混栽，防止锈病发生。

【观赏与应用】圆柏及其品种在庭园中常被广泛应用。幼年时树形优美，老年时干枝扭曲，枝叶密集，苍翠葱郁，奇姿古态，堪为独景。多数老树兼备"清、奇、古、怪"之风韵。若精心修剪，可成塔形、球形及狮、虎、龙、鹤等形，栩栩如生。在公园或庭园中园路转角，丛植数株，颇为幽美。根际若缀以奇石，则风趣顿生。圆柏配植于陵园，甬道园路、转角、亭室附近、树丛林缘，或列植，或丛植。或群植做背景树，或做绿篱，均颇相宜。其变种球柏可按规则式配植。圆柏还可制作树桩盆景，提高观赏价值。

图 3-4 圆柏（形）　　　　图 3-5 圆柏（鳞叶）　　　　图 3-6 圆柏（刺叶）

图 3-7 龙柏（形）　　　　图 3-8 龙柏（枝）　　　　图 3-9 龙柏（叶）

图 3-10 匍地龙柏（形）　　　　图 3-11 匍地龙柏（叶）

北美圆柏 *Sabina virginiana*（图 3-12 至图 3-14）

【科属】柏科，圆柏属

【识别要点】常绿乔木，在原产地高达 30m；树皮红褐色，裂成长条片脱落；枝条直立或向外伸展，形成柱状圆锥形或圆锥形树冠；生鳞叶的小枝细，四棱形，径约 0.8mm。鳞叶排列较疏，菱状卵形，先端急尖或渐尖，长约 1.5mm，背面中下部有卵形或椭圆形下凹的腺体；刺叶出现在幼树或大树上，交互对生，斜展，长 5～6mm，先端有角质尖头，上面凹，被白粉。雌雄球花常生于不同的植株之上。球果当年成熟，近圆球形或卵圆形，蓝绿色，被白粉；种子 1～2 粒，卵圆形，熟时褐色。

【分布范围】原产北美。我国华东地区引种栽培做庭园树。

【主要习性】能耐干燥、低湿和砂砾地。

【观赏与应用】生长良好，较当地的圆柏生长迅速，可选做造林树种和庭园绿化树种。

图 3-12　北美圆柏（形）　　　图 3-13　北美圆柏（干）　　　图 3-14　北美圆柏（叶）

柏木 *Cupressus funebris*（图 3-15 至图 3-17）

【科属】柏科，柏木属

【识别要点】常绿乔木，高达 35m，胸径 2m；树皮淡褐灰色，小枝细长下垂；生鳞叶的小枝扁平，排成一平面，两面同形，均为绿色，较老的小枝圆柱形，暗褐色，留有光泽。鳞叶长 1～1.5mm，先端锐尖。雌雄同株，珠花单生枝顶，3—5 月开放。球果翌年 5—6 月成熟，球形，暗褐色；种鳞 4 对，木质，盾形，顶端为不规则的五边形或方形，中央有尖头或无。发育种鳞具种子 5～6 枚。种子近圆形，两侧具窄翅，种子长约 2.5mm，淡褐色，有光泽。

【分布范围】产于长江流域以南温暖多雨地区。

【主要习性】分布很广，以四川、湖北西部、贵州最为习见。喜温暖湿润的气候。年平均气温 13～19℃，年降水量 1000mm 以上。在中性、微酸性及钙质土上均能生长，耐干旱瘠薄。尤其在土层浅薄的钙质紫色土和石灰土上常组成纯林，而在酸性土上通常散生。是中亚热带石灰岩山地钙质土上的指示性植被。柏木性喜阳，稍耐侧方庇荫。侧根发达，能生于岩缝中。稍耐水湿，抗寒力较强。

【养护要点】树冠较窄，又有耐侧方荫庇的习性，故定植距离可较近。

【观赏与应用】柏木为我国特有的亚热带树种及钙质土指示树种。其树姿秀丽清幽，自古栽培观赏。尤其是古树，饱经风霜仍苍翠挺拔，高耸云表，枝叶扶疏，荫蔽四方。柏木丛植于山坡地、林缘及草坪角隅，较为适宜。在陵园、甬道及纪念性建筑四周，对植或列植于门庭两侧，入口两边，效果尤佳。若丛植于需要隐蔽遮挡或设障景之处，并于其前配植红枫、杜鹃，相互映衬，恰到好处。

图 3-15 柏木（形）

图 3-16 柏木（干）

图 3-17 柏木（叶）

雪松 *Cedrus deodara*（图 3-18 和图 3-19）

【科属】松科，雪松属

【识别要点】常绿乔木，高可达 50m，树皮灰褐色，裂成鳞片，老时剥落。大枝一般平展，为不规则轮生，小枝略下垂。叶在长枝上为螺旋状散生；在短枝上簇生；叶针状、质硬，先端尖细；叶色淡绿至蓝绿；叶横切面呈三角。雌雄异株、稀同株；花单生枝顶，10—11 月开花，雄花比雌花花期早 10 天左右。球果翌年 10 月成熟，椭圆至椭圆状卵形；成熟后种鳞与种子同时散落。种子具翅。

【分布范围】原产于印度、阿富汗、喜马拉雅山西部。我国长江流域各地均有栽培。

【主要习性】雪松为阳性树种，喜温暖、湿润的环境，要求土壤肥沃、深厚，在强酸、强碱地生长不良，抗污染能力不强，对有害气体如二氧化硫、氯气及烟尘均不适应，并忌低洼积水。

【养护要点】在栽培管理中，应注意保护中央领导干的顶梢和下部主枝的新梢，幼苗期需搭棚遮阴，并加盖塑料薄膜保持湿度。

【观赏与应用】雪松为世界五大庭院观赏树种之一，其主干挺直，姿态优美，树形雄伟，于花坛草坪中孤植或于草坪边缘及建筑物大门两侧丛植或公园内道路两旁列植，无不相宜。它具有较强的防尘、减低噪声和杀菌能力，也适宜做工矿企业绿化树种。

图 3-18　雪松（形）

图 3-19　雪松（叶）

黑松 Pinus thunbergii（图 3-20 至图 3-22）

【科属】松科，松属

【识别要点】常绿乔木，高可达 30m，胸径可达 1m，形成广圆锥形树冠。树皮黑灰色，呈不规则鳞片状剥落。冬芽圆筒形，银白色。叶 2 针 1 束；叶色深绿，质坚硬，长 6～12cm，树脂道 6～11 个，中生。4—5 月开花。球果卵形，翌年 9—10 月成熟，有短梗；鳞盾突起，鳞脐微凹，种子倒卵状椭圆形，种子灰褐色，有深色条纹，翅长 1.5～1.8cm。

【分布范围】原产日本及朝鲜。中国山东沿海、辽东半岛、江苏、浙江、安徽等地有栽植。

【主要习性】阳性树种，但幼苗期较耐阴。喜温暖湿润的海洋气候，抗风抗海雾力强，耐干旱瘠薄，除涝洼地、重盐碱土及钙质土外。在海拔 600m 以下的荒山、荒地、河滩、海岸均能适应。根系发达、穿透力强，并有菌根共生，其侧根外伸可达树冠的 2～3 倍。幼苗阶段生长缓慢，以后逐渐加快，25 年后趋向衰老，开始出现结顶现象。

【养护要点】用种子繁殖，大面积山地绿化时，为了提高成活率，近年来多用 1～2 年生苗栽植，但在生长季应注意除草。在园林中则常用大苗定植。

黑松若任其自然生长，常难得整齐的树形，故欲得到主干修直的树做庭荫树时，必行整形修剪工作，修剪时期可在 4—5 月或秋末。

【观赏与应用】黑松为著名海岸湖滨绿化树种。其树姿优雅，叶色深绿，树冠葱郁，干枝苍劲。群植或片植于大片山坡林地及路旁空地，作为背景树，则浓荫蔽日，顿觉清新，甚为适宜。亦可孤植或丛植于庭园、游园、广场中，点缀园景，若植于山岩隙地，则颇富山林之野趣。

黑松还十分相宜与梅、兰、竹、菊及枫树搭配构成别致的风景小区，如松竹梅小景。在海滨地区，大片栽植成为风景林，可起到防风、防潮之功效。黑松是制作五针松盆景的理想嫁接砧木。

图 3-20　黑松（形）　　　图 3-21　黑松（干）　　　图 3-22　黑松（叶）

赤松 *Pinus densiflora*（图 3-23 至图 3-25）

【科属】松科，松属

【识别要点】乔木，高达 35m，胸径 1.5m；树冠圆锥形或扁平伞形。树皮橙红色，呈不规则状薄片剥落。1 年生小枝橙黄色，略有白粉。冬芽长圆状卵形，栗褐色。针叶 2 针 1 束，长 5～12cm。1 年生小球果种鳞先端的刺向外斜出；球果长圆形，长 3～5.5cm，径 2.5～4.5cm，有短柄。花期 4 月，果次年 9—10 月成熟。

【分布范围】产于黑龙江（鸡西、东宁）、吉林长白山区、山东半岛、辽东半岛及苏北云台山区等地；日本、朝鲜及俄罗斯亦有分布。

【主要习性】性喜阳光；稍耐寒；喜酸性或中性排水良好的土壤，在石灰质、沙地及多湿处生长略差。深根性，耐潮风能力比黑松差，故在海岸栽培的多为黑松或黑松与赤松的杂交种。

【养护要点】用播种法繁殖。

【观赏与应用】园林观赏树种，适于孤植、对植等。木材可供制家具用。

图 3-23　赤松（形）　　　图 3-24　赤松（干）　　　图 3-25　赤松（叶）

白皮松 *Pinus bungeana*（图 3-26 和图 3-27）

【科属】松科，松属

【识别要点】常绿乔木，高达 30m，胸径 1m 余；树冠阔圆锥形，卵形或头形。树皮淡灰绿色或粉白色，呈不规则鳞片状剥落。1 年生小枝灰绿色，光滑无毛。针叶 3 针 1 束，长 5～10cm，树脂道 4～7 个，边生；基部叶鞘早落。球果圆锥状卵形，长 5～7cm，鳞背宽阔而隆起，有横脊，鳞脐有三角状短尖刺。种子大，卵形褐色，长约 1cm，宽 0.7cm，种翅短，长约 0.5cm。花期 4—5 月，翌年 9—11 月球果成熟。

【分布范围】白皮松是中国的特产，华北、陕甘、江浙等山地均有栽培。

【主要习性】喜光，耐寒，耐旱，耐瘠薄，能适应钙质黄土、轻度盐碱土及石灰岩，在排水不良或积水处生长不良，对二氧化硫气体及烟尘的抗性强，深根性，寿命长。

【养护要点】皮薄，在向阳面易发生日灼，对主干较高的植株，应注意采取措施避免危害；松大蚜危害苗木嫩枝和针叶，易招致煤污病，应及早防治。

【观赏与应用】白皮松为东亚少见的三针松，我国特产珍贵树种。白干碧叶，宛若银龙，老时姿态愈加优美。我国自古以来即配植于宫廷、寺院以及名园及墓地。其树干皮呈斑驳状的乳白色，极其醒目，衬以青翠的树冠，可谓独具奇观。北京园林中知名的古树可于颐和园、香山、碧云寺、云泉山、景山、北海、戎台寺、潭柘寺、大觉寺等处见到。白皮松宜配植于庭院入口两侧，建筑物周围。孤植或丛植于山坡丘陵、岩穴洞口、泉溪曲涧之旁，前设巧石，后衬修竹，均成雅观小景。

图 3-26　白皮松（干）　　　　图 3-27　白皮松（叶）

湿地松 *Pinus elliottii*（图 3-28 至图 3-31）

【科属】松科，松属

【识别要点】常绿大乔木，原产地高可达 30m，胸径 90cm。树皮灰褐色，纵裂成鳞状大片剥落。小枝粗壮，枝条每年生长 3～4 轮。冬芽红褐色，无树脂。针叶 2 针 1 束与 3 针 1 束并存，长 18～30cm，粗硬，深绿色。球果常 2～4 枚聚生，圆锥形，长 6.5～16.5cm，有梗，鳞盾肥厚，鳞脐瘤状，先端急尖。种子卵圆，略具 3 棱，黑色而有灰色斑点，翅长 0.8～3.3cm，易与种子脱落。3 月中旬开花，翌年 9 月果熟。

【分布范围】原产美国南部暖热潮湿的低海拔地区（600m 以下）。中国山东平邑以南直至海南岛的陵水县，东自台湾，西至成都的广大地区内多处试栽均表现良好。

【主要习性】适生于夏雨冬旱的亚热带气候地区，但对气温适应性较强，能忍耐40℃的绝对高温和 –20℃的绝对低温。在中性以至强酸性红壤丘陵地以及表土 50～60cm 以下铁结核层和砂黏土地均生长良好，而在低洼沼泽地边缘尤佳；但同时，湿地松也较耐旱，在干旱贫瘠低山丘陵地能旺盛生长，在海岸排水较差的固沙地，亦能生长正常。抗风力强，在 11～12 级台风袭击下很少受害。其根系可耐海水灌溉，但针叶不能抗抵盐分的侵染。为最喜光树种，极不耐阴。由于其根系在幼龄时就很发达，3 年生时侧根扩展达 7～8m，故湿地松可做荒山造林先锋树种。

【养护要点】苗期的病虫害，主要有松苗立枯病、大蟋蟀等。定植后则有松梢螟、日本松叶蜂等为害。松毛虫也吃湿地松的针叶，但更喜吃马尾松叶，故受害较少。

【观赏与应用】湿地松树姿挺秀，叶翠荫浓，苍劲而速生，为营造风景林和水土保持林的优良树种。宜配植于山间坡地、溪边池畔，可成丛成片栽植；也适宜于庭园、草地孤植、丛植做庇荫树或背景树；若与梅、竹于近水处配植，形成"三友"之景，倒映水中，景趣倍添。

图 3-28 湿地松（形）　图 3-29 湿地松（干）　图 3-30 湿地松（叶）　图 3-31 湿地松（针叶）

日本五针松（五针松）*Pinus parviflora*（图 3-32）

【科属】松科，松属

【识别要点】常绿小乔木，自然生长在原产地时高可达 30m。树冠圆锥形，老时广卵形；树皮幼时淡灰色而平滑，老时深灰色呈鳞状裂。小枝绿褐色，有疏毛。针叶 5 针 1 束，长仅 5cm 左右，在枝上着生 3～4 年后脱落。4—5 月开花。球果翌年 6 月成熟，卵形，长 4～7cm。种子有翅。

【分布范围】原产日本，为温带树种。我国青岛及长江流域各城市园林中均有栽培。

【主要习性】阳性树种，但耐阴蔽，喜深厚肥沃而湿润土壤，但要求排水良好，忌湿畏热，生长缓慢，且嫁接后均为灌木状，故宜做树桩盆景材料。

【养护要点】日本五针松要选择肥沃、湿润、排水良好的砂壤土，移植要带土球，并及时浇水，干旱季节应注意浇水保湿，雨季排水防涝。

【观赏与应用】日本五针松为珍贵的观赏树种。因干苍枝劲，秀枝舒展，偃盖如画，故兼备松类树种之气、骨、色、神诸优点。日本五针松最宜与假山怪石配置成景，或以牡丹为伴，或与杜鹃为友，或以蜡梅花为侣，或配红枫点缀，皆给庭园风景增添古趣。五针松既可以孤植为中心树或主景树列植园路两旁，也可以作为盆景点缀，是盆景制作中的佳品材料。

图 3-32　日本五针松

柳杉 *Cryptomeria japonica* var. *sinensis*（图 3-33）

【科属】杉科，柳杉属

【识别要点】常绿乔木，高达 40m，胸径达 2m 余，树冠圆锥形，树皮赤褐色，纤维状裂或长条片剥落，大枝斜展，小枝下垂，绿色，叶钻形，叶端内曲，幼树及萌芽枝上的叶长达 2.4cm。雄球花黄色；雌球花淡绿色。花期 4 月，球果 10—11 月成熟。深褐色，种鳞 20 片左右，苞鳞尖头短，种鳞先端裂齿较短，每种鳞有种子 2 枚。种子不规则扁椭圆形，边缘有窄翅。

【分布范围】柳杉为我国特有树种，分布于长江流域以南，广东、广西、云南、贵州、四川等地。在江苏南部、浙江、安徽南部、河南、湖北、湖南、四川、贵州、云南、广西及广东等地均有栽培，生长良好。

【主要习性】喜深厚肥沃之砂质土壤，需排水良好。枝韧性强，能抗雪压冰挂，浅根性，不耐大风。寿命可达 500 年之久。

【观赏与应用】柳杉树姿挺秀，树形高大，枝条轮生，纤细柔弱，轻软下垂，微风所过，翩然若舞。春叶绿色，淡而不俗，素且清雅。通常丛植于草坪、林边、谷地、山溪，以供防风之用。也可列植于园路两旁或孤植于花坛、前庭作中心树。日本常列植作为树篱，风格独具。

图 3-33　柳杉

罗汉松 *Podocarpus macrophyllus*（图 3-34 和图 3-35）

【科属】罗汉松科，罗汉松属

【识别要点】常绿乔木，高达 20m。树冠广卵形，树皮灰色，浅裂，呈薄鳞片状脱落。叶螺旋状排列，条状披针形，先端渐尖，基部楔形，有短柄，上下两面有明显的中脉。5 月开花，10 月果熟。种子广卵形或球形，全部为肉质假种皮所包，生于肉质种托上，初为深红色，后变为紫色，有白粉。

【分布范围】原产于苏、浙、闽、皖、赣、湘、川、滇、桂、粤等地，在长江以南各地均有栽培。日本亦有分布。

【变种与品种】罗汉松的主要变种如下。

（1）狭叶罗汉松 var. *angustifolius*，叶长 5~9cm，宽 3~6mm，叶端渐狭成长尖头，叶基楔形，产于四川、贵州、江西等地，广东、江苏均有栽培，日本亦有分布。

（2）小叶罗汉松 var. *maki*，小乔木或灌木，枝直上着生，叶密生，长 2~7cm，较窄，两端略钝圆，原产于日本，我国江南各地园林中常有栽培。

【主要习性】较耐阴，为半阴性树，喜生于温暖多湿处。喜排水良好而湿润之砂质壤土。在海边也能生长良好。耐寒性较弱，故在华北只能盆栽。抗病虫害能力较强，但有叶斑病。寿命很长。

【观赏与应用】罗汉松种子头状，种托似袈裟，形状宛如披袈裟之罗汉，故名。其姿态秀丽，四季常青，树冠葱郁，种托紫红，隐约于碧叶之间幽雅可观。孤植院落角隅做庭荫树，对植或列植于建筑物的厅前或门庭入口及路边，群植或丛植于草坪边缘和树丛林缘下，无不相宜。用于假山、异石之中为常绿背景树，其老干古枝与奇山异石相映衬托，古雅得体。罗汉松经合理修剪，可做绿篱、绿墙。用其矮小变种制作成树桩盆景，刚柔兼备，堪称逸品。

图 3-34　罗汉松（形）

图 3-35　罗汉松（叶、果）

榧树 *Torreya grandis*（图 3-36）

【科属】红豆杉科，榧树属

【识别要点】乔木，高达25m，胸径1m；树皮黄灰色纵裂。大枝轮生，1年生小枝绿色，对生，次年变为黄绿色。叶条形，直而不弯，长 1.1～2.5cm，宽 2.5～3.5mm，先端凸尖，上面绿色而有光泽，中脉不明显，下面有 2 条黄白色气孔带。雄球花生于上年生枝之叶腋，雌球花群生于上年生短枝顶部，白色，4—5 月开放。种子长圆形、卵形或倒卵形，长 2～4.5cm，径 1.5～2.5cm，成熟时假种皮淡紫褐色；种子次年 10 月左右成熟。

【分布范围】产于江苏南部、浙江、福建北部、安徽南部及湖南一带。

【主要习性】耐阴，喜温暖湿润气候，不耐寒，喜生于酸性而肥沃深厚土壤，对自然灾害之抗性较强，树冠开张，在浙江西天目山多分布于海拔 400～1000m。

【养护要点】一般多粗放栽培，如春秋施肥产量可显著增高。

【观赏与应用】我国特有树种，树冠整齐，枝叶繁密，特适孤植、列植用。耐阴性强，可长期保持树冠外形。在针叶树种中本属植物对烟害的抗性较强，病、虫亦较少，又较能耐湿黏土壤。榧实味香美，可生食或炒食，也可榨油，为在园林中结合果实生产之优良树种之一。

图 3-36　榧树

三尖杉 *Cephalotaxus fortunei*（图 3-37）

【科属】三尖杉科，三尖杉属

【识别要点】常绿乔木，小枝对生，基部有宿存芽鳞。叶在小枝上排列较稀疏，螺旋状着生成两列状，线状披针形，长 4～13cm，宽 3～4.5mm，微弯曲，叶端尖，叶基楔形，叶背有 2 条白色气孔线，比绿色边缘宽 3～5 倍。雄球花 8～10 聚生成头状，单生于叶腋，径约 1cm；每雄球花有 6～16 雄蕊，基部有 1 苞片；雌球花生于枝基部的苞片腋下，有梗，而稀生于枝端，胚珠常 4～8 个发育成种子。种子椭圆状卵形，成熟时外种皮紫色或紫红色。

【分布范围】分布于安徽南部、浙江、福建、江西、湖南、湖北、陕西、甘肃、四川、云南、贵州、广西和广东北部等地。

【主要习性】性喜温暖湿润气候，耐阴，不耐寒。

【养护要点】用种子及扦插法繁殖。

【观赏与应用】宜做庭院树、观赏树。材质富弹性，宜做扁担、农具柄用；种子含油率在 30% 以上，供工业用。

图 3-37 三尖杉

香樟 Cinnamomum camphora（图 3-38 和图 3-39）

【科属】樟科，樟属

【识别要点】常绿乔木，高 20～30m，最高可达 50m，胸径 4～5m，树冠卵球形，树皮灰褐色，纵裂，单叶互生，叶卵状椭圆形，长 5～8cm，薄革质；离基三出脉，脉腋有腺体，叶背灰绿色，无毛。圆锥花序腋生于新枝，花被淡黄绿色，6 裂；花各部 3 基数，花被片 2 轮，雄蕊 3～4 轮，第四轮通常退化，花药瓣裂，核果球形，径约 0.6cm，熟时紫褐色，果托盘状，花期 5 月；果期 9—11 月。

【分布范围】主要分布于我国长江以南各地，尤以台湾、福建、江西、湖南、湖北、四川等省（区、市）栽培较多，日本、朝鲜及越南也有分布，垂直分布一般在海拔 500m 以下，我国台湾中部可达海拔 1000m，最高海拔 1800m。

【主要习性】香樟为亚热带树种。喜温暖湿润气候及肥沃、深厚的酸性或中性砂壤土，不耐干旱瘠薄，适于年平均气温 16～17℃，绝对最低气温不低于 −7℃ 的条件。对氯气、二氧化硫、臭氧及氟等气体具有抗性，能耐短期水淹，主根发达，萌芽力强。

【养护要点】香樟幼苗怕冻，苗期应移植培育侧根生长；绿化应用 2m 以上大苗，移植时须带土球，可修枝疏叶，用草绳卷干保湿，要充分灌水或喷洒枝叶，时间以芽萌动后为好。

【观赏与应用】香樟树冠广展，枝叶茂密，绿阴蔽日，气势雄伟，是优良的行道树及庭荫树。也可用于营造风景林、防风林、隔音林带。配植池边、湖畔以及山坡、平地均甚相宜，孤植于草坪旷地，树冠能充分舒展，浓阴覆地，更觉宜人。丛植或片植作为背景树，酷似绿墙，亦颇得体，若在树丛之中做常绿基调树种，搭配落叶小乔木和灌木，层次分明，季相多变，更和谐；厂矿、居民区美化环境，亦多用之。

图 3-38　香樟（形）　　　　　　　　图 3-39　香樟（叶）

浙江桂 *Cinnamomum japonicum*（图 3-40 至图 3-42）

【科属】樟科，樟属

【识别要点】常绿乔木，高 10~16m；树冠卵状圆锥形。树皮淡灰褐色，光滑不裂，有芳香及辛辣味。小枝无毛，或幼时稍有细疏毛。叶互生或近对生，长椭圆状广披针形，长 5~12cm，离基三出脉近于平行并在表面隆起，脉腋无腺体，背面有白粉及细毛。5 月开黄绿色小花；果 10—11 月成熟，蓝黑色。

【分布范围】产浙江、安徽南部、湖南、江西等地，多生于海拔 600m 以下较阴湿的山谷杂木林中。

【主要习性】中性树种，幼年期耐阴；喜温暖湿润气候及排水良好之微酸性土壤；中性土壤及平原地区也能适应，但不能积水。

【养护要点】移栽在 3 月中下旬进行，带土球，适当疏剪枝叶。

【观赏与应用】本种树干端直，树冠整齐，叶茂荫浓，气势雄伟，在园林绿地中孤植、丛植、列植均相宜。且对二氧化硫抗性强，隔音、防尘效果好，可选作厂矿区绿化及防护林带树种。

图 3-40　浙江桂（形）　　图 3-41　浙江桂（干）　　图 3-42　浙江桂（叶）

浙江楠 *Phoebe chekiangensis*（图 3-43 和图 3-44）

【科属】樟科，楠属

【识别要点】大乔木，树干通直，高达 20m。树皮淡褐黄色，薄片状脱落，具明显的褐色皮孔，小枝密生锈色柔毛。叶革质，倒卵状椭圆形或倒卵状披针形，长 7～17cm，先端突渐尖或长渐尖，基部楔形或近圆形，上面初时有毛，后变无毛，下面被灰褐色柔毛，脉上被长柔毛；叶柄密被黄褐色绒毛或柔毛。圆锥花序，密被黄褐色绒毛；花被片卵形，两面被毛。果椭圆状卵形，熟时外被白粉。花期 4—5 月，果期 9—10 月。

【分布范围】产浙江西北部及东北部、福建北部、江西东部，生于山地阔叶林中，也有栽培。

【主要习性】耐阴，但到壮龄期要求适当的光照条件，抗风强。适应性强，生长较快。

【观赏与应用】本种树干通直，材质坚硬，可做建筑、家具等用材。树身高大，枝条粗壮，斜伸，雄伟壮观，叶四季青翠，可做绿化树种。

图 3-43　浙江楠（形）　　　图 3-44　浙江楠（叶）

黑壳楠 *Lindera megaphylla*（图 3-45）

【科属】樟科，山胡椒属

【识别要点】常绿乔木，高 3～15（25）m，胸径达 35cm 以上，树皮灰黑色。枝条圆柱形，粗壮，紫黑色，无毛，散布有木栓质凸起的近圆形纵裂皮孔。叶互生，倒披针形至倒卵状长圆形，长 10～23cm，先端急尖或渐尖，基部渐狭，革质，上面深绿色，有光泽，下面淡绿苍白色，两面无毛。伞形花序多花，雄花多达 16 朵，雌花 12 朵。雄花黄绿色，具梗，花被 6 片，椭圆形。雌花黄绿色，花被片 6 片，线状匙形。果椭圆形至卵形，成熟时紫黑色，无毛；宿存果托杯状，全缘，略成微波状。花期 2—4 月，果期 9—12 月。

【分布范围】产陕西、甘肃、四川、云南、贵州、湖北、湖南、安徽、江西、福建、广东、广西等省（区、市）。生于山坡、谷地湿润常绿阔叶林或灌丛中，海拔 1600～2000m 处。

【主要习性】喜温暖湿润气候，具有明显的耐高温和耐干旱的生理特点，抗寒性较差。黑壳楠为中性偏阴性树种，幼苗及幼树耐阴性较强。在林内荫庇条件下更新幼苗生长良好。黑壳楠喜深厚、肥沃、排水良好的酸性至中性土壤，对土壤的适应性较强，在酸性、中性至微碱性土壤上均能很好生长。

【养护要点】喜水肥树种，如有充足的水肥供应，一年中可抽生多次新梢，因此出苗后应加强水肥管理。

【观赏与应用】四季常青，树干通直，树冠圆整，枝叶浓密，青翠葱郁，秋季黑色的果实如繁星般点缀于绿叶丛中，观赏效果好，是有发展潜力的园林绿化树种。此外，也是中国的一种珍贵用材树种，其木材黄褐色，纹理直，结构细，可作装饰薄木、家具及建筑用材。

图 3-45　黑壳楠

广玉兰 *Magnolia grandiflora*（图 3-46 和图 3-47）

【科属】木兰科，木兰属

【识别要点】常绿乔木，高达 30m；树冠卵状圆锥形。小枝及芽有锈色柔毛，叶长椭圆形，长 10～20cm，厚革质，边缘微反卷，表面有光泽，背面被锈褐色或灰色柔毛或无毛，叶柄上托叶痕不明显，花白色，杯形，直径 15～20cm，芳香，花期 5—7 月，果期 10 月。

【分布范围】原产北美东部，分布于密西西比河一带。我国长江流域以南各地引种栽培。生长良好。

【主要习性】广玉兰为亚热带树种，性喜光，但幼树颇能耐阴，喜温暖湿润气候，有一定耐旱能力，能经受短期 –19℃低温而叶片无显著冻伤，但若长时间在 –12℃低温下则叶片受冻。喜肥沃、湿润而排水良好的酸性或中性土壤，在河岸、湖滨发育良好，在干燥、石灰质、碱性土及排水不良之黏土上生长常不良。抗烟尘及二氧化硫气体，适应城市环境。根系深广，颇能抗风。

【养护要点】广玉兰最好是种子随采随播，或者沙藏后春播；嫁接应以木兰为砧木，不耐移植，通常在 4 月下旬至 5 月，或者 9 月移植，并要适当疏枝。

【观赏与应用】广玉兰又称荷花玉兰，树姿端正雄伟，四季常青，绿荫浓密，花芳香馥郁，宛如菡萏。孤植或丛植均甚相宜，庭园、公园、游园多有栽培。大树孤植于草坪边缘，或列植于通道两旁边，中小型者可群植于花坛之上，成为纯林小园，与古建筑及西式建筑尤为调和，因为常绿性，枝叶繁茂，绿荫遍地，若丛植于房屋前后，则幽然可观，广玉兰不仅姿态优美，花大洁白，清香宜人，且耐烟抗风。对二氧化硫等有毒气体有较强的抗性，是净化空气，美化及保护环境的良好树种。

图 3-46　广玉兰（形）

图 3-47　广玉兰（叶、花）

深山含笑 Michelia maudiae（图 3-48 和图 3-49）

【科属】木兰科，含笑属

【识别要点】常绿乔木，高 20m，全株无毛。叶宽椭圆形，长 7～18cm，宽 4～8cm；叶表深绿色，叶背有白粉，中脉隆起，网脉明显。花大，直径 10～12cm，白色、芳香，花被 9 片。聚合果，长 7～15cm。

【分布范围】分布于浙江、福建、湖南、广东、广西、贵州，是常绿阔叶林中常见树种。

【主要习性】喜温暖湿润。要求阳光充足，但幼苗需遮阴。宜深厚、疏松、肥沃而湿润的酸性砂质土。根系发达，萌芽力强，生长迅速。

【观赏与应用】叶鲜绿，花纯白艳丽，为庭园观赏树种，可提取芳香油，亦供药用。

图3-48　深山含笑（形）　　　　图3-49　深山含笑（叶）

木莲 *Manglietia fordiana*（图3-50和图3-51）

【科属】木兰科，木莲属

【识别要点】常绿乔木，高20m。嫩枝有褐色绢毛，皮孔及环状纹显著。叶厚革质，长椭圆状披针形，长8~17cm，端尖，基楔形，叶背灰绿色或有白粉；叶柄红褐色。花白色，单生于枝顶，聚合果卵形，长4~5cm；蓇葖肉质，深红色，成熟后木质，紫色，表面有疣点。

【分布范围】分布于长江以南地区。

【主要习性】喜酸性土壤。

【观赏与应用】本种为常绿阔叶林中常见的树种，可供园林绿化用；木材可制板及细工用；树皮、果实可入药，治便秘及干咳。

图3-50　木莲（干）　　　　图3-51　木莲（叶）

枇杷 *Eriobotrya japonica*（图 3-52 和图 3-53）

【科属】蔷薇科，枇杷属

【识别要点】常绿小乔木，高可达 10m，小枝、叶背及花序均密被锈色绒毛。单叶互生，具短柄或无柄，叶大，革质，常为倒披针状椭圆形，长 12~30cm，先端尖，基部楔形，锯齿粗钝，侧脉 11~12 对，表面多皱而有光泽。花白色，芳香，成顶生圆锥花序；花萼 5 裂，宿存，花瓣 5，具爪；雄蕊 20。果近球形或梨形，黄色或橙黄色，直径 2~5cm。花期 10—12 月；果期初夏。

【分布范围】原产我国，四川、湖北尚有野生；南方各地多作果树栽培。浙江塘栖、江苏洞庭及福建莆田是枇杷的有名产地。越南、缅甸、印度、印度尼西亚及日本均有分布。

【主要习性】枇杷为暖地树种，性喜光，稍耐阴，喜温暖湿润气候及肥沃湿润而排水良好之壤土，较耐寒。生长缓慢，寿命较长；一年可发三次新梢。

【养护要点】栽植要选向阳避风处，因为枇杷是冬季开花，如果在开花时受了冻害，就会影响结果。枇杷树冠整齐，层性明显，一般不必在修剪上下功夫，只需将其不适当的枝条稍作调整即可。切不可随意剪去枝条顶端，因为开花结果都在枝条顶端。

【观赏与应用】枇杷树形整齐美观，叶大荫浓，常绿而有光泽，冬日白花盛开，初夏黄果累累，实为南方庭园良好观赏树种。白居易曾赞曰"淮山侧畔楚江阴，五月枇杷正满林"，说明我国古代早有栽培。枇杷一般适宜于丛植或群植草坪边缘、湖边池畔、山坡地，阳光充足之处；若与其他观果树种组成树丛，而以枇杷作为基调树种，四季常青，景色倍增。在江南园林中，常配植在亭、堂、院落之隅，其间点缀山石、花卉，意趣颇佳。

图 3-52　枇杷（形）

图 3-53　枇杷（叶）

杜英 *Elaeocarpus decipiens*（图 3-54 至图 3-56）

【科属】杜英科，杜英属

【识别要点】常绿乔木，高 5～15m。叶革质，披针形或倒披针形，长 7～12cm，宽 2～3.5cm，上面深绿色，干后发亮，下面秃净无毛，先端渐尖，尖头钝，基部楔形，常下延，侧脉 7～9 对，边缘有小钝齿。绿叶中常存有少量鲜红的老叶。总状花序多生于叶腋及无叶的去年枝条上，长 5～10cm，花序轴纤细，有微毛；花白色，花瓣倒卵形，与萼片等长，上半部撕裂，裂片 14～16 条，外侧无毛，内侧近基部有毛。核果椭圆形。花期 6—7 月。

【分布范围】产于广东、广西、福建、台湾、浙江、江西、湖南、贵州和云南。生长于海拔 400～700m 处，在云南上升到海拔 2000m 的林中。

【主要习性】耐阴，喜温暖湿润气候，耐寒性不强；适于生长在酸性及黄壤和红黄壤山区，若在平原栽植，必须排水良好。根系发达。

【养护要点】梅雨季节应做好清沟排水工作；干旱季节应做好灌溉工作。

【观赏与应用】本种枝叶茂密，霜后部分叶变红色，红绿相间，颇为美观。宜于草坪、坡地、林缘、庭前、路口丛植，常栽做庭园树。

图 3-54　杜英（形）　　　　图 3-55　杜英（树皮）　　　　图 3-56　杜英（叶）

杨梅 *Morella rubra*（图 3-57）

【科属】杨梅科，杨梅属

【识别要点】常绿小乔木。幼枝及叶背具黄色小油腺点，单叶互生，无托叶，叶倒披针形，长 4～12cm，先端较钝，基部狭楔形，全缘或在端部有浅齿；叶柄长 0.5～1cm。花单生，柔荑花序，无花被，雌雄异株；雄花序圆柱形，紫红色，雌花序卵形或球形，核果球形，直径 1.5～2cm，成熟时为深红色，艳丽可观。花期 3—4 月，果期 6—7 月。

【分布范围】杨梅主要分布于长江流域以南各地，以浙江栽培最多。浙江杭州、嘉兴、湖州及温州一带，江苏太湖，广东、广西、湖南等省（区、市），均以产杨梅著称。

【主要习性】杨梅为亚热带树种，性喜暖稍耐阴，不耐烈日照射；喜温暖湿润的气候及酸性而排水良好之土壤，中性及略带碱性土壤上亦能生长；不耐寒，寒冷之地发育不良。深根性，萌蘖力强。

【养护要点】栽植宜选择低山丘陵北坡，若在阳坡应与其他树间植。同时因是雌雄异株，应适当配植雄株，以利授粉。移栽时间以 3 月中旬至 4 月上旬为宜，并需带土球。

【观赏与应用】杨梅果初夏成熟，丹实累累，烂漫可爱，加之枝繁叶茂，绿荫深浓，是优良的观果树种。杨梅适宜于丛植或列植在路边、草坪或做分离空间、隐蔽遮挡的绿墙，均甚相宜，若在门庭、院落点缀三五株也饶风趣。杨梅对二氧化硫、氯气等有毒气体抗性较强，故可选作厂矿美化，或作为城市隔音林带的中层基调的树种。

图 3-57　杨梅

女贞 *Ligustrum lucidum*（图 3-58 和图 3-59）

【科属】木犀科，女贞属

【识别要点】常绿小乔木，高达 10m，枝无毛。单叶，对生，全缘，叶革质，卵形、宽卵形、椭圆形或卵状披针形，无毛，长 6～12cm，先端尖或渐尖，基部常为宽楔形，叶具短柄。花两性，白色。顶生圆锥花序长 12～20cm，无毛；花冠筒与花冠裂片近等长；雄蕊与花冠裂片等长。核果矩圆形，蓝紫色。花期 5—7 月，果期 10—12 月。

【分布范围】主产长江流域以南各省（区、市）及陕西、甘肃南部。全国各地均有栽培，垂直分布于东部地区海拔 500m 以下，西南可达 2000m。

【主要习性】暖地阳性树种，喜温暖气候，喜光稍耐阴，适应性强，在湿润、肥沃、微酸土壤上生长最佳。也能适应中性、微碱性土壤。根系发达，萌蘖、萌芽力强。耐修剪整形，可形成灌木状。

【养护要点】播种、扦插繁殖。春、秋插条都可，但以春插者成活率较高。

【观赏与应用】女贞终年常绿，苍翠可爱，是园林中常见观赏树种。宜在草坪边缘、建筑物周围、街坊绿地、校园角隅孤植或于园路两旁列植，或作隐蔽树栽植。因其生长快速，耐修剪故可作高层绿篱配植。女贞对二氧化硫不仅抗性特强，而且能吸收，对氯化氢亦有一定抗性，有抗烟能力，是工厂区优良的抗污染绿化树种。

图 3-58　女贞（干）　　　　　　　图 3-59　女贞（叶）

桂花 *Osmanthus fragrans*（图 3-60 至图 3-62）

【科属】木犀科，木犀属

【识别要点】常绿乔木或灌木，高 3～5m；树皮灰色，不裂。单叶对生，长椭圆形，长 5～12cm；叶革质，先端渐尖，基部渐狭呈楔形或宽楔形，通常上半部具细锯齿或全缘；叶腋具有两三个叠生芽。聚伞花序簇生于叶腋；花小，淡黄色，极芳香；花期 9—10 月。核果呈卵圆形，蓝紫色，翌年 3—5 月成熟。

【分布范围】原产于我国西南、华中等地，现各地均有栽培。

【变种与品种】桂花的主要品种如下。

（1）丹桂 var. *aurantiacus*，花橘红色或橙黄色，香味差，发芽较迟。

（2）金桂 var. *thunbergii*，花黄色至金黄色，香气最浓，经济价值最高。

（3）银桂 'Latifolius'，花乳白色，香味较金桂淡，叶宽大。

（4）四季桂 'Semperflorens'，花黄白色，5—9 月陆续开花，但以秋季开花最盛，气味最淡。

【主要习性】喜光，耐半阴；喜温暖气候，不耐严寒及干旱，淮河以南可露地栽培，对土壤要求不严，一般以排水良好、肥沃的砂壤土最佳，对氟气的抗性强。

【养护要点】桂花常用的繁殖方法是嫁接，但接合后栽植宜深于接口，促使桂花萌芽生根，移植时将砧木部分剪掉，否则宜形成"大脚"或"小脚"现象；栽植土壤要保证不积水、肥沃、排水及透气性好；北方盆栽应于"霜降"节气入室存放，以免枝叶受冻；盆栽桂花在发新叶后注意浇水。

【观赏与应用】桂花的花期正值农历中秋前后，香飘数里，历来为人喜爱，是优良的庭院观赏树种。桂花是杭州、苏州、桂林、合肥等城市的市花；秦岭、淮河以北除局部小环境以外均以盆栽观赏，冬季于室内防寒，花可做香料及药用。

图 3-60　桂花（形）　　　　图 3-61　桂花（干）　　　图 3-62　桂花（叶、花）

蚊母树 *Distylium racemosum*（图 3-63 至图 3-65）

【科属】金缕梅科，蚊母属

【识别要点】常绿乔木，高可达 22m，栽培者常为灌木状。嫩枝端部具星状鳞毛；顶芽歪桃形，暗褐色，单叶互生。倒卵状长椭圆形，长 3~7cm，全缘，厚革质。光滑无毛；侧脉 5~6 对，在表面不显著，在叶背面略突起。叶上常有囊状虫瘿。总状花序，长约 2cm，花药红色，蒴果卵形，长约 1cm，密生星状毛，顶端有 2 宿存花柱。花期 4 月，果期 9 月。

【分布范围】产于我国广东、福建、台湾及浙江等地，日本也有分布。多生于海拔 100~300m 的丘陵地带，长江流域各城市园林中常见栽培。

【主要习性】为暖地树种，性喜光。稍耐阴，喜温暖湿润气候。对土壤要求不严，但以排水良好且肥沃湿润的酸性、中性土壤为宜，发枝力强，耐修剪，能耐烟尘污染。

【养护要点】一般病虫害较少，但若种在潮湿阴暗和不透风处，易遭蚧壳虫危害。

【观赏与应用】树枝密集，树形整齐，叶色浓绿，经冬不凋。花细而深红，俏丽可观，是常见的城市及工厂绿化美化树种。适于路旁庭前、草坪内外以及大乔木下种植，如作为落叶花木的背景树，也可修剪成球形作为基础种植及绿篱材料。对多种有毒气体如二氧化硫、二氧化氮有很强抗性。防尘，隔音能力较强，可作厂矿绿化之用。

图 3-63　蚊母树（形）　　　图 3-64　蚊母树（叶）　　　图 3-65　蚊母树（果）

石栎 *Lithocarpus glaber* (图 3-66)

【科属】壳斗科,石栎属

【识别要点】常绿乔木,高达 20m;树冠半球形。干皮灰色,不裂;小枝密生绒毛。叶螺旋状互生,不成二裂,长椭圆形,长 8~12cm,先端尾尖,基部楔形,全缘或近端部略有钝齿,厚革质,下面有灰白色蜡层,叶脉粗肥。雄花序直立。总苞浅碗状,鳞片三角形,坚果单生,翌年成熟,椭圆形,具白粉。

【分布范围】产于湖北、安徽、浙江、福建、台湾、湖南、广东、广西等省(区、市),生于海拔 500m 以下山地。

【主要习性】稍耐阴,不耐寒,喜温暖气候及湿润、深厚之土壤,但亦耐干旱瘠薄。萌芽力强。

【观赏与应用】本种枝叶茂密,绿荫深浓,宜做庭荫树。在草坪中孤植、丛植、山坡成片栽植,或做其他花木的背景树都很合适。

图 3-66 石栎

花榈木 *Ormosia henryi* (图 3-67)

【科属】蝶形花科,红豆属

【识别要点】常绿乔木,高 16m,胸径可达 40cm;树皮灰绿色,平滑,有浅裂纹。小枝、叶轴、花序密被茸毛。奇数羽状复叶,小叶(1~)2~3 对,革质,椭圆形或长圆状椭圆形,先端钝或短尖,基部圆或宽楔形,叶缘微反卷,上面深绿色,光滑无毛,下面及叶柄均密被黄褐色绒毛。圆锥花序顶生,或总状花序腋生;花冠中央淡绿色,边缘绿色微带淡紫,旗瓣近圆形,翼瓣倒卵状长圆形,淡紫绿色,龙骨瓣倒卵状长圆形。荚果扁平,长椭圆形,顶端有喙。种子椭圆形或卵形,种皮鲜红色,有光泽。花期 7—8 月,果期 10—11 月。

【分布范围】产于安徽、浙江、江西、湖南、湖北、广东、四川、贵州、云南(东南部)。生于山坡、溪谷两旁杂木林内,海拔 100~1300m,常与杉木、枫香、马尾松、合欢等混生。越南、泰国也有分布。

【主要习性】花榈木适应性较强,喜光,喜肥沃及湿润土壤,耐阴且萌芽力强。

【观赏与应用】花榈木四季常青,树干端直,树冠饱满,夏季开黄白色花朵,秋季荚果吐红,是观赏价值高的园林景观树种。此外,木材致密质重,纹理美丽,可做轴承及细木家具用材;根、枝、叶入药,能祛风散结、解毒去瘀。

图 3-67 花楸木

冬青 *Ilex chinensis*（图 3-68 和图 3-69）

【科属】冬青科，冬青属

【识别要点】常绿乔木，高达 13m，枝叶密生，树皮灰青色，平滑。单叶互生，叶革质，长椭圆形，长 5～11cm，缘疏生浅齿，表面深绿而有光泽；叶柄淡紫红色，雌雄异株，聚伞花序着生于当年生嫩枝叶腋内。核果红色，椭球形，长 0.8～1.2cm，花期 5 月，果期 10—11 月。

【分布范围】产于江苏、浙江、安徽、江西、湖北、四川、贵州、广西、福建等省（区、市）。日本也有分布。

【主要习性】亚热带树种，性喜光照，也稍耐阴，喜温暖的气候及肥沃的酸性土，耐潮湿。萌芽力强，耐修剪，较抗风，对二氧化硫等有害气体有一定抗性。

【观赏与应用】冬青红果经冬不落，且绿叶常青，入冬呈紫红色，宜做园景树。孤植、列植、群植均宜。宜于前庭、中庭及大门旁栽培，正所谓"比屋冬青树，人皆隐奇罗。春风十年后，惟恐绿荫多"。

图 3-68 冬青（干）

图 3-69 冬青（叶）

棕榈 *Trachycarpus fortunei*（图 3-70）

【科属】棕榈科，棕榈属

【识别要点】常绿乔木，树干圆柱形，高达 10m，径达 20～24cm。叶簇生于干顶，近圆形，径 50～70cm，掌状裂探达中下部，叶柄长 40～100cm，两侧细齿明显，叶顶 2 浅裂。雌雄异株，圆锥状肉穗花序腋生，花小而黄色，花萼、花瓣各 3 枚，雄蕊 6 枚，花丝分离，花药短，核果肾状球形，径约 1cm，蓝褐色，被白粉，种子腹面有沟。花期 4—5 月，果期 10—11 月。

【分布范围】原产中国。在日本、印度、缅甸均有分布。我国主要分布于北起陕西南部，南到广州、柳州和云南，西至西藏边界，东达上海及浙江范围内。

【主要习性】热带及亚热带树种，为棕榈科中最耐寒者，成年树可耐 −7℃低温。耐阴能力强，幼苗尤耐阴，喜排水良好、湿润肥沃之中性、石灰性或微酸性的黏质壤土，耐轻盐碱土，较耐干旱及水湿。喜肥，对有毒气体抗性强。根系浅，须根发达，生长缓慢。

【养护要点】棕榈可播种繁殖，果实采收后，用草木灰水搓洗，去掉蜡质，再用 60℃温水浸种后，进行播种；主要的病害有棕榈树干腐病，病原为拟青霉菌，防治措施是及时清除腐死株和重病株，以减少侵染源。

【观赏与应用】棕榈树干挺直，叶形若扇，清姿幽雅，是优良园林树种。适于对植、列植在庭前、路边、入口。或群植于池边、林缘、草坪边角，窗边，翠影婆娑，别具南国风韵。若以美人蕉、鸢尾等草本花卉搭配，尤为适宜。棕榈对多种有害气体有抵抗和吸收能力，故可在污染区大面积栽植，美化净化环境兼备。

图 3-70　棕榈

项目4　落叶灌木的识别与应用

　　灌木是指那些没有明显的主干，呈丛生状态比较矮小的多年生木本植物，一般可分为观花、观果、观枝干等几类。其中因冬季气温低而落叶的灌木为落叶灌木。其分枝多，没有主干，有的丛生，经常作为景观植物或者盆栽种植的植物。落叶灌木在园林绿化中，有着不可或缺的地位。绿化道路、公园、小区、河堤等，只要有绿化的地方，多数都有灌木的应用。

　　根据园林绿化工作实践，以实用为目的，本项目将落叶灌木的识别与应用设计为三个任务，包括落叶灌木的识别、落叶灌木的园林应用调查、落叶灌木树种优化方案的制订。

知识目标

　　（1）掌握常见落叶灌木的识别要点。

　　（2）掌握常见落叶灌木的观赏特性和园林的应用特点。

　　（3）熟悉落叶灌木的生态习性和养护要点。

能力目标

　　（1）能够识别常见落叶灌木30种以上。

　　（2）能够根据落叶灌木的观赏特点、植物文化和生态习性合理地应用。

　　（3）能够根据具体绿地性质进行合理配置。

素质目标

　　（1）提升对园林植物景观的艺术审美能力。

　　（2）培养分析问题、解决问题的能力。

　　（3）提升小组分工合作、沟通交流的能力。

任务 4.1　落叶灌木的识别

学习任务

　　调查所在校园或居住区、城市公园等环境内的落叶灌木种类（不少于 30 种），调查内容包括调查地点落叶灌木树种名录、主要识别特征等，完成落叶灌木树种识别调查报告。

任务分析

　　该任务要求学生在掌握常见落叶灌木的识别特征的前提下，通过实地调研完成调研报告。

任务实施

　　材料用具： 植物检索工具书、形色、花伴侣等识别软件、相机、记录本、笔。
　　实施过程：
　　（1）调查准备：学习相关理论知识，确定调查对象，制订调查方案。
　　（2）实地调研：教师现场讲解，指导学生识别。学生分组活动，调查绿地内落叶灌木的种类，记录每种树木的名称、科属、典型识别特征，拍摄树木整体形态和局部细节图片。
　　（3）整理调查记录表和图片，完成调查报告及 PPT。
　　（4）组间交流讨论，指导教师点评总结。

任务完成

　　完成调研分析报告（Word 及 PPT 版），并填写表 4-1。

表 4-1　落叶灌木种类统计表

序号	树种名称	拉丁学名	典型识别特征	备注
1				
2				
3				
4				
⋮				

任务评价

考核内容及评分标准见表 4-2。

表 4-2　评分标准

序号	评价内容	评价标准	满分	说　明	自评得分	师评得分	互评得分	平均分
1	树种调查	调查过程是否认真	10	①调查态度认真得 9~10 分；②调查态度一般得 6~8 分；③调查敷衍或未调查得 0~5 分				
2	调查报告	完成态度，分析是否全面、准确	70	①报告中包含 30 种以上落叶灌木，对树种识别特征描述全面、准确，图文并茂，图片包含整体树形和局部细节，得 61~70 分；②基本能识别 30 种左右落叶灌木，树种识别特征描述基本准确，但调研报告完成态度敷衍，拍摄图片无法体现典型识别特征为 51~60 分；③报告中落叶灌木种类远少于 30 种，树种识别特征描述错误较多为 50 分以下				
3	结果汇报	PPT 制作是否精美，汇报语言是否流利，仪态是否大方、自信	10	① PPT 制作精美，汇报语言流利，仪态大方、自信得 9~10 分；② PPT 内容完整，汇报基本完成得 6~8 分；③ PPT 制作敷衍，内容不完整，汇报语言不流利得 0~5 分				
4	小组合作	组内分工是否合理，成员配合默契程度	10	①组员分工明确、配合默契得 9~10 分；②组员分工基本合理，配合一般得 6~8 分；③组员未分工，互相推诿得 0~5 分				

任务 4.2　落叶灌木的园林应用调查

学习任务

调查所在校园或居住区、城市公园等环境内的落叶灌木的园林应用形式和观赏特征，完成落叶灌木的园林应用调查报告。

任务分析

该任务要求学生在掌握常见落叶灌木的园林应用形式及观赏特征的前提下，通过实地调研完成调研报告。

任务实施

材料用具： 相机、记录本、笔。

实施过程：

（1）调查准备：学习相关理论知识，确定调查对象，制订调查方案。

（2）实地调研：分组调查绿地内落叶灌木的主要观赏部位、观赏特征以及园林应用形式，拍摄图片，及时记录。

（3）整理调查记录表和图片。

（4）对调查结果进行分析，完成调查报告及PPT。

（5）组间交流讨论，指导教师点评总结。

任务完成

完成调研分析报告（Word及PPT版），绘制现有树种分布草图，并填写表4-3。

表4-3　落叶灌木种类统计表

序号	树种名称	主要观赏部位及特征	园林应用形式	备注
1				
2				
3				
4				
⋮				

任务评价

考核内容及评分标准见表4-4。

表 4-4 评分标准

序号	评价内容	评价标准	满分	说明	自评得分	师评得分	互评得分	平均分
1	树种调查	调查过程是否认真	10	①调查态度认真得 9~10 分；②调查态度一般得 6~8 分；③调查敷衍或未调查得 0~5 分				
2	调查报告	完成态度，分析是否全面、准确	70	①调查报告完成态度认真，对观赏特征、园林应用形式分析全面、准确，图文并茂得 61~70 分；②调查报告完成态度一般，对观赏特征、园林应用形式分析基本准确为 51~60 分；③调查报告完成态度敷衍，对观赏特征、园林应用形式分析片面、不准确，图文不符得 50 分以下				
3	结果汇报	PPT 制作是否精美，汇报语言是否流利，仪态是否大方、自信	10	① PPT 制作精美，汇报语言流利，仪态大方、自信 9~10 分；② PPT 内容完整，汇报基本完成得 6~8 分；③ PPT 制作敷衍，内容不完整，汇报语言不流利得 0~5 分				
4	小组合作	组内分工是否合理，成员配合默契程度	10	①组员分工明确、配合默契得 9~10 分；②组员分工基本合理，配合一般得 6~8 分；③组员未分工，互相推诿得 0~5 分				

任务 4.3 落叶灌木树种优化方案的制订

学习任务

对校园或居住区、城市公园进行绿化提升与树种优化，重点掌握如何合理选择落叶灌木以丰富季相景观。

任务分析

本任务要从了解场地环境特点、自然条件和树种选择要求开始，深入调查和研究能够适合场地环境应用特色的落叶灌木种类，制订落叶灌木树种优化方案。树种选择应突出落叶灌木观赏特征以及与绿化环境的适应性。

任务实施

材料用具：相机、记录本、笔。

实施过程：

（1）调查准备：确定学习任务小组分工，明确任务，制订任务计划；整理校园或居住区、城市公园自然条件的相关资料。

（2）实地调研：调查校园或居住区、城市公园内的落叶灌木生长环境及园林景观效果。

（3）根据调研结果，分析校园或居住区、城市公园内的落叶灌木生长环境是否符合其生态习性要求，落叶灌木观赏特性的应用是否合理，对应用不合理的落叶灌木提出替代树种，从而制订落叶灌木树种优化方案。

（4）完成调研报告及PPT。

（5）组间交流讨论，指导教师点评总结。

任务完成

（1）完成调研报告：落叶灌木树种优化方案（Word版）。

（2）制作PPT并进行方案汇报。

任务评价

考核内容及评分标准见表4-5。

表4-5　评分标准

序号	评价内容	评价标准	满分	说　明	自评得分	师评得分	互评得分	平均分
1	场地调研	调查过程是否认真	10	①调查态度认真得9~10分；②调查态度一般得6~8分；③调查敷衍或未调查得0~5分				
2	调查报告	完成态度，分析是否全面、准确	40	①调查报告完成态度认真，对落叶灌木应用情况分析全面、准确，图文并茂得31~40分；②调查报告完成态度一般，对落叶灌木应用情况分析基本准确得21~30分；③调查报告完成态度敷衍，对落叶灌木应用情况分析片面、不准确，图文不符得20分以下				

序号	评价内容	评价标准	满分	说　明	自评得分	师评得分	互评得分	平均分
2	调查报告	落叶灌木树种优化是否合理	30	①落叶灌木树种选择符合当地生态条件要求，观赏特性应用合理，景观效果好得 21~30 分；②落叶灌木树种选择基本符合当地生态条件，但景观效果较差得 11~20 分；③落叶灌木树种选择不符合当地生态条件要求得 10 分以下				
3	结果汇报	PPT 制作是否精美，汇报语言是否流利，仪态是否大方、自信	10	① PPT 制作精美，汇报语言流利，仪态大方、自信得 9~10 分；② PPT 内容完整，汇报基本完成得 6~8 分；③ PPT 制作敷衍，内容不完整，汇报语言不流利得 0~5 分				
4	小组合作	组内分工是否合理，成员配合默契程度	10	①组员分工明确、配合默契得 9~10 分；②组员分工基本合理，配合一般得 6~8 分；③组员未分工，互相推诿得 0~5 分				

理论认知

紫玉兰 *Magnolia liliflora*（图 4-1 和图 4-2）

【科属】木兰科，木兰属

【识别要点】落叶灌木，高 3m，树皮灰褐色，小枝褐紫色或绿紫色，顶芽卵形，被淡黄绢毛，叶椭圆状倒卵形或倒卵形，长 10~18cm，宽 3~10cm，侧脉 8~10 对；叶柄长 8~20mm，托叶痕长为叶柄的一半。花叶同时开放，花梗长约 1cm，被长柔毛，花被 9 片，外轮 3 片为萼片状，披针形，紫绿色，内两轮长圆状倒卵形，外面紫色或紫红色，内面带白色。聚合果圆柱状，淡褐色。花期 3—4 月；果期 8—9 月。

【分布范围】产于湖北、四川、云南。久经栽培，现长江流域各地、山东、贵州、广西各地均有分布。

【主要习性】紫玉兰为亚热带及温带树种，喜光不耐严寒，北京地区可选小气候良好处栽培，性喜肥沃、湿润及排水良好之土壤，在过于干燥及碱土、黏土上生长不良。根肉质，怕积水，根系发达，萌蘖强，可用分株，压条繁殖。

【养护要点】北方栽培木兰时，幼苗越冬需加以保护；通常不剪枝，以免剪除花芽，必要时适当疏剪。木兰常丛生，如欲培育乔木树形，必须随时进行整枝、除蘖和抹芽。

【观赏与应用】紫玉兰又名木笔、辛夷，花蕾大如笔头，开放之时，"外烂烂以凝紫，内英英而积雪"，是传统的名贵花木之一，配置于入口或窗前对景山石小品中，衬以粉墙，则艳丽多姿，春意盎然，若丛植于草坪及林缘，做观花主体，配以常绿小灌丛和地被植物。则高低错落有致，景观层次分明。紫玉兰最适植于庭院、墙隅路角、窗前及门厅两旁。

图 4-1 紫玉兰（形）　　　　　图 4-2 紫玉兰（叶、花）

粉花绣线菊（日本绣线菊）*Spiraea japonica*（图 4-3）

【科属】蔷薇科，绣线菊属

【识别要点】高可达 1.5m；枝光滑，或幼时具细毛，叶卵形至卵状长椭圆形，长 2~8cm，先端尖，叶缘有缺刻状重锯齿，叶背灰蓝色，脉上常有短柔毛；花淡粉红至深粉红色，偶有白色者，簇聚于有短柔毛的复伞房花序上；雄蕊较花瓣为长，花期 6—7 月。

【分布范围】原产于日本、朝鲜，我国各地均有栽培。

【变种与品种】品种及杂种甚多，主要有'光叶'粉花绣线菊（var. *fortunei*），植株较原种为高。叶长椭圆状披针形，长 5~10cm，先端渐尖，边缘重锯齿，尖锐而齿尖硬化并内曲，表面有皱纹，背面带白霜，无毛。花粉红色。

【主要习性】性强健，喜光，也略耐阴，抗寒、耐旱。

【观赏与应用】花色娇艳，花朵繁茂，可在花坛、草坪及园路角隅等处构成夏日美景，也可做基础种植用。

图 4-3 粉花绣线菊

菱叶绣线菊 *Spiraea × vanhouttei*（图 4-4）

【科属】蔷薇科，绣线菊属

【识别要点】为麻叶绣线菊和三裂绣线菊的杂交种，较似前种，叶菱状卵形或菱状倒卵形，长 1.5～3.5cm，具缺刻状重锯齿，常 3～5 裂，具不明显 3 出脉或羽状脉，叶背青蓝色，5—6 月开花。

【分布范围】分布于山东、江苏、广东、广西、四川等地。

【主要习性】喜温暖湿润气候，对土质要求不严，但喜肥沃且排水好土壤。

【观赏与应用】本种花小，集成绣球状，密集着生在细长而拱形的枝条上，甚为美丽，国内外广为栽培，可以应用在花境中或做基础种植。

图 4-4 菱叶绣线菊

金叶风箱果 *Physocarpus opulifolius* 'Lutea'（图 4-5 和图 4-6）

【科属】蔷薇科，风箱果属

【识别要点】落叶灌木，株高 1～2m。叶片生长期金黄色，落前黄绿色，三角状卵形，缘有锯齿。花白色，直径 0.5～1cm，花期 5 月中下旬，顶生伞形总状花序。果实膨大呈卵形，果外光滑。

【分布范围】原产北美。华北地区能露地越冬。

【主要习性】性喜光，耐寒，耐瘠薄，耐粗放管理。突出特点是光照充足时叶片颜色金黄，而弱光或荫蔽环境中则呈绿色。夏季高温季节生长处于停滞状态，有"夏眠"现象。

【养护要点】以扦插繁殖为主。

【观赏与应用】叶、花、果均有观赏价值。华北地区可应用于城市绿化。可孤植、丛植，适合庭院观赏，也可做路篱、镶嵌材料和带状花坛背衬，或花径或镶边。金黄色与鲜绿色形成鲜明的对比，增加了造型的层次和绿色植物的亮度。

图 4-5　金叶风箱果（形）　　　图 4-6　金叶风箱果（叶）

贴梗海棠 *Chaenomeles speciosa*（图 4-7）

【科属】蔷薇科，木瓜属

【识别要点】落叶灌木，高 2m，枝开展，无毛，有刺，叶卵形或椭圆形，长 3～8cm，先端尖，基部楔形，缘有尖锐锯齿，齿尖开展，表面有光泽，托叶大，肾形或半圆形，缘有尖锐重锯齿，花 3～5 朵簇生 2 年生老枝上，朱红、粉红或白色，直径为 3～5cm，萼筒钟状，无毛，萼片直立，花梗粗短或近于无梗，果黄色或黄绿色，直径 4～6cm，芳香，萼片脱落，花期 3—4 月，果期 9—10 月。

【分布范围】产于陕西、甘肃南部、河南、山东、安徽、江苏、浙江、江西、湖南、湖北、四川、贵州、云南、广东，各地均有栽培，缅甸也有分布。

【主要习性】性喜阳光，耐瘠薄，喜排水良好之深厚土壤，不宜在低洼积水处栽植，水涝则根部容易腐烂。有一定耐寒能力，北京小气候良好处可露地越冬。

【养护要点】管理比较简单，一般在花后剪去上年枝条的顶部，只留 30cm 左右，以促进分枝，增加第二年开花数量。

【观赏与应用】贴梗海棠枝丫横斜，花色艳丽，烂漫如锦，花朵三五成簇，黄果芳香硕大，是很好的观花观果树种。适于庭院墙隅、草坪边缘、树丛周围、池畔溪旁丛植，与老梅、劲松、山石作为配景，或用翠竹数株搭配贴梗海棠一二，植于怪石、立峰前后，画意倍增，在常绿灌木前植成花篱、花丛，春日红花烂漫，意趣横生，亦可制作成老桩盆景，供赏玩。

图 4-7　贴梗海棠

野蔷薇 *Rosa multiflora*（图 4-8 至图 4-11 ）

【科属】蔷薇科，蔷薇属

【识别要点】落叶灌木，高达 3m，枝细长，无毛，托叶下常有皮刺。羽状复叶，小叶 5～9 枚，倒卵状长圆形或长圆形，长 1.5～3cm，先端急尖或圆钝，基部宽楔形或圆，具尖锯齿，两面被柔毛，托叶明显羽裂，大部与叶柄连合，成篦齿状边缘，边缘具腺毛，圆锥状伞房花序，花多，白色，芳香，柱头突出，蔷薇果球形或卵形，直径约 6mm，红褐色，花期 5—6 月，果期 10—11 月。

【分布范围】分布于华北、华东、华中、华南及西南；朝鲜、日本也有栽培。

【变种与品种】野蔷薇变种如下。

（1）粉团蔷薇 var. *cathayensis*，小叶较大，通常 5～7 片；花较大，直径 3～4cm，单瓣，粉红至玫瑰红色，数朵或多朵成平顶之伞房花序。

（2）七姊妹 'Grevillei'，叶较大；花重瓣，深红色，常 6～7 朵成扁伞房花序。

（3）白玉堂 'Albo-plena'，花白色，重瓣，北京常见栽培，扦插易生根，常做嫁接月季花的砧木。

【主要习性】性喜光，抗性强，耐寒，对土壤要求不甚严格。

【养护要点】用播种、扦插、分根均易成活。

【观赏与应用】蔷薇及其变种疏条纤枝，横斜披展，花色白而略含清香，是优良之观花灌木。蔷薇可用于园中花架、花格绿门、绿廊、绿亭、庭园灯柱攀附装饰，也多用盆栽或制作盆景。片植于山岩石壁，亦有效果，若在池边陡坡点缀一二，繁枝倒悬，盛花时犹如花团照水，尤为动人。

图 4-8　野蔷薇（形）　　图 4-9　野蔷薇（叶）　图 4-10　野蔷薇（托叶）图 4-11　野蔷薇（花、果）

黄刺玫 *Rosa xanthina*（图 4-12 ）

【科属】蔷薇科，蔷薇属

【识别要点】落叶丛生灌木，高 1～3m；小枝褐色，有硬直皮刺，无刺毛。小叶 7～13 枚，广卵形至近圆形，长 0.8～1.5cm，先端钝或微凹，缘有钝锯齿，背面幼时微有柔毛，但无腺。花单生，黄色，重瓣或单瓣，直径为 4.5～5cm。果近球形，红褐色，直径约 1cm。花期 4 月下旬至 5 月中旬。

【分布范围】产于东北、华北至西北；朝鲜也有分布。

【主要习性】性强健，喜光，耐寒、耐旱，耐瘠薄；少病虫害。

【养护要点】选日照充分和排水良好处栽植，管理简单。

【观赏与应用】春天开金黄色花朵，而且花期较长，宜于草坪、林缘、路边丛植，也可做绿篱及基础种植。

图 4-12　黄刺玫

棣棠 *Kerria japonica*（图 4-13 至图 4-15）

【科属】蔷薇科，棣棠属

【识别要点】落叶丛生无刺灌木，高 1.5～2m；小枝绿色，光滑，有棱；单叶互生，卵形至卵状椭圆形，长 4～8cm，先端长尖，基部截形或近圆形，缘有尖锐重锯齿，背面略有短柔毛。花金黄色，直径 3～4.5cm，单生于侧枝顶端，萼片宿存，花期 4 月下旬至 5 月底。

【分布范围】产于江苏、浙江、江西、湖南、湖北、河南、四川、云南、广东等地，野生于山间、岩石旁、灌丛中或乔木林下，南方庭园多见栽培观赏。

【变种与品种】重瓣棣棠 'Pleniflora'，花黄色，重瓣。

【主要习性】棣棠为亚热带植物，性喜温暖阴湿之环境条件。在北京需选小气候良好之处种植。喜富含腐殖质酸性土壤，中性土壤也可适应，需注意排水及遮阴。萌蘖力强，易繁殖。

【养护要点】因花芽是在新梢上形成，每隔 2～3 年应剪除老枝一次，促发新枝，能多开花。

【观赏与应用】棣棠的花、叶皆美，柔枝下垂，南京地区露地栽培落叶迟，半常绿。春季，叶翠欲滴，金花朵朵，尤宜做花篱、花径之用，群植于常绿树丛之前、古木旁、山石隙缝之间或池畔、水边、溪流及湖沿岸，均甚相宜。若配植于疏林草地，则尤为雅致，野趣盎然。

图 4-13　棣棠（形）　　　　图 4-14　棣棠（叶）　　　　图 4-15　棣棠（花）

金钟花（狭叶连翘）*Forsythia viridissima*（图 4-16 和图 4-17）

【科属】木犀科，连翘属

【识别要点】落叶灌木。节间内髓呈薄片状。叶对生，长椭圆形至披针形，或间为倒卵状长椭圆形，先端锐尖，通常中部以上有锯齿，有时近全缘，基部楔形，叶长8～12cm。花 1～3 朵簇生叶腋，先叶开放；萼片卵形，长为花冠筒的 1/2；花冠黄色。蒴果卵形，先端有喙，花期 3 月，果期 7—8 月。

【分布范围】江苏、浙江、安徽、江西、福建、湖北、贵州、四川、南京、上海、青岛等各地城市园林均有栽培。

【主要习性】金钟花为温带及亚热带树种，喜生于湿润肥沃之地，性喜光照，适应性强，对酸性及中性土壤均能适应，耐寒力不及连翘，根系发达，萌蘖力强。

【养护要点】移植时最好重剪；夏季过于干旱，叶开始卷曲萎蔫时一定要浇水保湿，否则影响花芽形成。

【观赏与应用】同连翘。花金黄色，在园林中栽植供观赏。

图 4-16　金钟花（形、花）　　　　　　图 4-17　金钟花（叶）

迎春 *Jasminum nudiflorum*（图 4-18 和图 4-19）

【科属】木犀科，茉莉属

【识别要点】落叶灌木，高 0.4～5m。小枝细长呈拱形，有四棱。叶对生，3 小叶复叶，小叶卵圆形或长卵圆形，长 1～3cm，端急尖，边缘具短睫毛，叶面有疣状短刺毛。花单生，在高纬度地区先叶开放；花萼裂片 5～6 片，线形；花冠黄色，裂片 6 片，长为花冠筒的 1/2。花期 2—4 月。

【分布范围】产我国山东、河南、山西、陕西、甘肃、四川、云南、贵州、辽宁等地，长江流域各地广泛栽培观赏。

【主要习性】喜光，耐旱忌涝，耐寒，耐碱，对土壤适应性强，北京地区可露地越冬。

【养护要点】其枝端着地易生根，在雨水多的季节，最好能用棍棒挑动着地的枝条几次，不让它接触湿土生根，影响株丛整齐。为得到独干直立树形，可用竹竿扶持幼树，使其直立向上生长，并摘去基部的芽，待长到所需高度时，摘去顶芽，以形成下垂之拱形树冠。

【观赏与应用】迎春开花期早，先叶开放，其长条披垂，金英翠萼，为新春之佳卉，故与梅花、水仙、山茶号称"雪中四友"。若植于墙洞旁依水之处，柔条由隙穿越而过，别具风趣，亦可做花径、花丛用，若在山石小品中与黄馨、南天竹、梅花搭配，再以其他细叶常绿灌木组合，则繁花竞露，美不胜收。迎春亦可做盆景材料，或扎成圆形花盘，以自然式悬崖为背景，则显枝干蟠屈，古趣横生。

图 4-18　迎春（形）

图 4-19　迎春（叶）

探春花（迎夏）*Chrysojasminum floridum*（图 4-20 至图 4-22）

【科属】木犀科，茉莉属

【识别要点】半常绿灌木，高 1～3m；小枝绿色光滑有棱。叶互生，单叶与 3～5 羽状复叶并生，小叶卵形或卵状椭圆形，长 1～3.5cm；小叶基部楔形，先端渐尖。聚伞花序顶生，多花；花冠鲜黄色，5 裂，裂片先端尖；花期 5—6 月，果期 9—10 月。

【分布范围】产于我国黄河流域至西南地区。

【主要习性】探春花耐寒性不如迎春，北京露地栽培冬季需加保护。

【观赏与应用】探春花园林用途如迎春，可于各地庭院栽培或盆栽观赏。

图 4-20　探春（形）　　　　　图 4-21　探春（叶）　　　　　图 4-22　探春（花）

紫丁香 *Syringa oblata*（图 4-23 至图 4-26）

【科属】木犀科，丁香属

【识别要点】落叶灌木或小乔木，高达 4～5m。枝为假二叉分枝，粗壮无毛，灰色，冬芽卵形，顶芽常缺。单叶对生，叶薄革质或厚纸质，圆卵形至肾形，通常宽大于长，宽 5～10cm，端锐尖，基心形，截形至宽楔形，全缘，无毛。圆锥花序长 6～15cm，花萼钟状，4 齿裂；花暗紫堇色，先端 4 裂，开展，花冠筒长 1～1.5cm；雄蕊着生于花冠筒中部或中上部。蒴果长圆形，先端尖，光滑，长 1～1.5cm。花期 4 月底至 5 月上、中旬。果期 9—10 月。

【分布范围】我国吉林、辽宁、内蒙古、山东、陕西、山西、河北、甘肃均有分布，栽培分布至长江流域各地。

【变种与品种】紫丁香变种如下。

（1）白丁香‘Alba’，花白色，香气浓；叶形较长，叶背微有短柔毛。

（2）紫萼丁香 var. *giraldii*，叶片、叶柄和花梗除具有腺毛外，还有短柔毛；花序较大，花瓣、花萼、花轴均为紫色。

（3）佛手丁香‘Alba-plena’，花白色，重瓣。

【主要习性】紫丁香为温带及寒带树种，耐寒性尤强，性喜光照，亦稍耐阴，喜肥沃湿润、排水良好之土壤，忌在低湿处种植，否则发育停止，枯萎而死。紫丁香性较耐旱。

【养护要点】紫丁香扦插以花后剪条插最易成活，苗期注意浇水；栽植以排水好的土壤、见光好的地段为佳；成年养护注意及时剪除病枝、枯枝和根蘖；移植时宜重剪，以保证成活。

【观赏与应用】丁香姿态清秀，花丛庞大，花繁色艳，芬芳袭人，为北方之著名观花树木。丛植于道旁、草坪角隅、林缘、庭前、窗外或与其他花木搭配，在幽静的林间空地栽植，盛花之时，清香扑鼻，引人喜爱，如以各种丁香构成“丁香园”，亦颇具特色，若在通幽之曲径游步道旁点缀数丛，尤觉别有风致，丁香可做切花插瓶，老根枯干做盆桩。丁香对多种有毒气体抗性强，可用于有污染的工厂和市区街坊绿化种植。

图 4-23 紫丁香（形） 图 4-24 紫丁香 图 4-25 紫丁香（叶） 图 4-26 紫丁香（花、果）
（干）

牡丹 *Paeonia suffruticosa*（图 4-27 和图 4-28）

【科属】芍药科，芍药属

【识别要点】落叶灌木，高 1~2m。树皮黑灰色，分枝短而粗，木质化程度低。叶互生，纸质，通常为两回三出复叶，小叶宽卵形至卵状长椭圆形，先端 3~5 裂，基部全缘，叶下面有白粉，中脉上有疏柔毛，或近无毛。花单生枝顶，大型，直径 10~25cm；花梗长 4~6cm；苞片 5 片，长椭圆形，大小不等；萼片 5 片，绿色，宽卵形；花瓣 5 瓣或为重瓣，花色丰富，有紫、深红、粉红、白黄、豆绿等色。雄蕊多数；心皮 5 枚，有毛，其周围为花盘所包。蓇葖果卵形，先端尖，密生黄褐色毛。花期 4 月下旬至 5 月，果期 9 月。

【分布范围】原产于我国西部及北部，是暖温带、温带植物。集中分布于陕西秦岭及河南伏牛山地区。栽培悠久，分布广，尤以山东菏泽、河南洛阳及安徽亳县栽培者最负盛名。当代世界其他各国栽培观赏的牡丹最初均由中国引种。

【变种与品种】

1）牡丹变种

（1）矮牡丹 *Paeonia jishanensis*，叶背面、叶轴和叶柄有短柔毛，顶生小叶 3 深裂，裂片再浅裂，花瓣内面基部无紫斑，花盘革质。产陕西北部延安、宜川一带。

（2）紫斑牡丹 *Paeonia rockii*，小叶不分裂，少有 2~4 不等浅裂，花基部有紫斑，花大，顶生，直径为 12~15cm，花粉色、紫红色最为珍贵。

2）牡丹栽培品种

到目前为止，牡丹栽培品种有记载者约 300 种，品种分类方法各异，其中一种按花瓣层数、雌雄蕊瓣化程度、花朵外形分类如下。

（1）单瓣类：花瓣宽大，1~3 轮，雌蕊雄蕊正常，无瓣化现象。仅 1 型，即单瓣型。

单瓣型：特征同上。

（2）复瓣类：花瓣 3 轮以上，雌雄蕊无瓣化现象或仅有少数外围的雄蕊瓣化，有明显的花心。

荷花型：内外轮花瓣均较宽大。

葵花型：内层花瓣明显变小，花朵全体较荷花型为扁平。

蔷薇型：花瓣极多，自外向内显著逐渐变小。雄蕊全部消失。雌蕊全部退化或瓣化。

（3）楼子类：外瓣1～3轮，雄蕊全部或部分瓣化；雌蕊正常或瓣化；全花中部高起。

托桂型：外瓣宽大明显，2～3轮；雄蕊全部瓣化，多成细长花瓣，集成半球形；雌蕊正常或退化变小。

金环型：外瓣宽大明显，2～3轮；近花心部分雄蕊瓣化成细长之变瓣。在雄蕊变瓣与外瓣之间残留一圈正常雄蕊，呈金环状。

皇冠型：外瓣大而明显；雄蕊全部瓣化，或在雄蕊变瓣中常杂以完全雄蕊及不同瓣化程度的雄蕊。全花中心部分高耸，宛若皇冠。

绣球型：雄蕊充分瓣化，内外瓣大小相似，使全花成球形。内瓣和外瓣间，偶或夹杂少许正常雄蕊。雌蕊全部瓣化。

（4）台阁类：花由2花上下重叠或数花叠合构成，共具1梗。又可分为千层台阁型和楼子台阁型。千层台阁型：无内外瓣之别，但中部夹有一轮"台阁瓣"或雌蕊痕迹。

【主要习性】牡丹对气候要求比较严格，"宜冷畏热，喜燥恶湿，栽高敞向阳而性舒"基本概括了牡丹的生态习性，总的来说性喜温暖、干凉、阳光充足及通风干燥的独特环境。颇能耐寒，能耐 –20℃低温，颇不耐热，日平均气温超过27℃，极端最高气温超过35℃，生长不良，枝条皱缩，叶片枯萎脱落。肉质根系，土壤平均相对湿度以50%左右为宜。萌蘖力强，容易分株，但不耐移植。

【养护要点】牡丹以肥沃而排水良好的砂质土壤，背风向阳之处栽培最好；3—4月间，当表土根颈处萌芽长到3～6cm时一次性摘除，节省营养，促进植株顶部花芽的发育。

【观赏与应用】牡丹是我国的传统名花。花大而美，牡丹株形端庄，枝叶秀丽，花姿典雅，花色鲜艳，白、黄、粉、红、紫、墨绿、蓝等色一应俱全，姿色俱超群不凡，远在唐代就已赢了"国色天香"的赞誉。"花开花落二十日，一城之人皆若狂"，便是当时的首都长安在观赏牡丹时盛况空前的真实写照。千百年来，牡丹以其雍容华贵的绰约风姿，深为我国人民所喜爱，被尊为群芳之首、百花之王和中国名花之最，歌咏传记，不胜枚举。

牡丹在造园中具有重要地位。庭园中多种植于花台之上，称为"牡丹台"，若在山旁、树周分层栽植，配以湖石，颇为别致。若成畦栽植，护以低栏，其间缀以湖石，亦甚优美，多数园中则另辟一区，以牡丹为中心，以叠石、树木、草花相互配合，构成以牡丹为主景的园中之园，称为"牡丹园"。

牡丹盆栽应用更为灵活方便，可以在室内举办牡丹品种展览，也可在园林中的主要景点摆放，还可成为居民室内或阳台上的饰物。牡丹还可做切花栽培，经催延花期可以四季开放。

图 4-27 牡丹（形）   图 4-28 牡丹（花）

杜鹃（映山红）*Rhododendron simsii*（图 4-29）

【科属】杜鹃花科，杜鹃花属

【识别要点】落叶灌木，高可达 3m。分枝多，枝细而直，有亮棕色或褐色扁平糙伏毛。叶纸质，卵状椭圆形或椭圆状披针形，长 3～5cm，叶表糙伏毛较稀，叶背较密。花 2～6 朵簇生枝端，花冠宽漏斗状，蔷薇色、鲜红色或深红色，有紫斑；雄蕊 10 枚，花药紫色，萼片小而有毛。子房及蒴果均密被糙伏毛。花期 3—5 月，果 10 月成熟。

【分布范围】广布于长江及珠江流域各地，东起台湾，西至四川、云南。在庐山较低之山坡上以及峨眉山海拔 1000m 以下之路旁、林缘，均常见之。盛开时节，红蓓遍山，有若锦屏，故又称"满山红""照山红"。

【变种与品种】

（1）白杜鹃 var. *eriocarpum*，花白色，或粉红色。

（2）紫斑杜鹃 var. *mesembrinum*，花较大，白色，有紫色斑点。

（3）彩纹杜鹃 var. *vittatum*，花有白色及紫色条纹。

【主要习性】杜鹃是喜阴的植物，太阳的直射对它生长不利。生长适宜温度为 15～25℃，最高温度 32℃。杜鹃喜欢空气湿度大的环境，对土壤干湿度要求是润而不湿。

【养护要点】杜鹃的繁殖，可以用扦插、嫁接、压条、分株、播种五种方法，其中以采用扦插法最为普遍，繁殖量最大。杜鹃最适宜在初春或深秋时栽植，如在其他季节栽植，必须架设荫棚。

【观赏与应用】杜鹃枝繁叶茂，绮丽多姿，萌发力强，耐修剪，根桩奇特，是优良的盆景材料。园林中最宜在林缘、溪边、池畔及岩石旁成丛成片栽植，也可于疏林下散植。杜鹃也是花篱的良好材料，毛鹃还可经修剪培育成各种形态。杜鹃专类园极具特色。在花季，杜鹃给人热闹而喧腾的感觉；非花季，杜鹃深绿色的叶片很适合栽种在庭园中做矮墙屏障。

图 4-29　杜鹃

六月雪 *Serissa japonica*（图 4-30 和图 4-31）

【科属】茜草科，六月雪属

【识别要点】落叶或半常绿灌木，多分枝。叶对生，为狭椭圆形或狭椭圆状倒披针形，先端有小突尖，基部渐狭成柄，薄革质，叶面和叶柄均具白色茸毛，托叶宿存。花小，白色，花期 5—11 月，花开不断，以 5 月为最盛，微带红晕。

【分布范围】主要分布在我国的江苏、浙江、江西、广东等地；日本也有分布；多野生于山林之间、溪边岩畔。

【变种与品种】六月雪的主要变种如下。

（1）金边六月雪 'Variegata'，叶缘金黄色。

（2）重瓣六月雪 'Flore Pleno'，花重瓣。

【主要习性】喜温湿，耐阴，对土壤要求不严，微酸性或中性土壤均能适应。

【养护要点】在夏季高温干燥时，六月雪除每天浇水外，早晚应用清水淋洒叶面及附近地面，以降温并增加空气湿度，植株应放于荫棚下，切勿长期放在强烈阳光下暴晒。

【观赏与应用】六月雪在南方园林中常做露地栽植于林冠下、灌木丛中；北方多盆栽观赏，在室内越冬，也为良好的盆景材料。

图 4-30　六月雪（形）

图 4-31　六月雪（叶）

木槿 *Hibiscus syriacus*（图 4-32 和图 4-33）

【科属】锦葵科，木槿属

【识别要点】落叶灌木或小乔木，高 2～6m，小枝幼时密被绒毛，后渐脱落。冬芽小，为叶基所包被。叶菱状卵形，互生，长 3～6cm，基部楔形，端部常 3 裂，裂缘缺刻状，仅背面脉上稍有毛；叶柄长 0.5～2.4cm，花单生叶腋，直径 5～6cm，单瓣或重瓣，有紫、白、红等色，萼 5 裂，具副萼，花丝合生成筒状，花期 6—9 月。蒴果卵圆形，密被星状绒毛。

【分布范围】原产我国的江苏、浙江、山东、湖北、四川、福建、广东、云南、陕西、辽宁等省（区、市），南北各地均有栽培，尤以长江流域为多。16 世纪传入欧洲，西方园林也有栽培。

【变种与品种】

（1）白花重瓣木槿 f. *albus-plenus*，花重瓣，白色。

（2）粉紫重瓣木槿 var. *amplissimus*，花粉紫色，花瓣内面基部洋红色，重瓣。

【主要习性】木槿为亚热带及温带树种，性喜光，也耐半阴，适应能力强，耐干旱，有一定抗寒能力，耐瘠薄土壤，喜肥沃湿润的中性土壤，微酸、微碱亦能适应，抗烟。

【养护要点】在春夏干旱季节及时灌溉，可使花更繁茂；生长过密植株可适当修剪；移栽宜在落叶期进行。

【观赏与应用】木槿为南北常见的栽培观赏树种。我国栽培历史悠久，在南方庭园中多做花篱及绿篱；北方则做庭园点缀。群植于草坪边缘、林缘、池畔，或点缀于主景树丛中，均甚相宜。木槿对二氧化硫等有害气体抗性很强，又有滞尘能力，故做道路绿岛或工厂绿化甚宜。

图 4-32　木槿（花）　　　　　图 4-33　木槿（叶）

木芙蓉 *Hibiscus mutabilis*（图 4-34 至图 4-37）

【科属】锦葵科，木槿属

【识别要点】落叶灌木或小乔木，高 2～5m，茎具星状毛及短柔毛，叶广卵形，3～5 掌状分裂，基部心脏形，缘有浅钝齿，两面具星状毛。花大，直径约 8cm，单生枝端叶腋，花冠白色或淡红色，后变深红色，花梗 5~8cm，近端有节。蒴果扁球形，直径约 2.5cm，有黄色刚毛及绵毛，果 5 瓣，种子肾形，有长毛，易于飞散。花期 9—10 月。

【分布范围】原产我国，黄河流域至华南各地均有栽培，尤以四川成都一带为盛，故成都号称"蓉城"。

【变种与品种】栽培品种类型较多，主要有花粉红色、单瓣或半重瓣的红芙蓉和重瓣红芙蓉；花黄色的黄芙蓉；花色红白相间的鸳鸯芙蓉；花重瓣，多心组成的七星芙蓉；花初开白色后变淡红至深红色的醉芙蓉等。

【主要习性】暖地树种，喜阳光，也略耐阴。喜温暖湿润的气候，不耐寒。忌干旱，耐水湿，在肥沃临水地段生长最盛。在江、浙一带，冬季植株地上部分枯萎，呈宿根状，翌春从根部萌发新枝，在华北常温室栽培。

【养护要点】木芙蓉栽培养护简易，移植栽种成活率高。因性畏寒，在长江流域及其以北地区应选择背风向阳处栽植，每年入冬前将地上部全部剪去，并适当壅土防寒，春暖后扒开壅土，即会自根部抽发新枝，这样能使秋季开花整齐。在华南暖地则可作小乔木栽培。

【观赏与应用】木芙蓉清姿雅质，花色鲜艳，为花中珍品，宜丛植于墙边、路旁，也可成片栽在坡地。由于木芙蓉喜水湿，配植在池边、湖畔，波光花影，相映益妍。木芙蓉适应性强，铁路、公路、沟渠边都能种植。可护路、护堤。更因对二氧化硫抗性特强，对氟气、氯化氢有一定抗性，在有污染的工厂做绿化，既美化环境又净化空气。

图 4-34　木芙蓉（形）　　图 4-35　木芙蓉（叶）　　图 4-36　木芙蓉（花）　　图 4-37　木芙蓉（果）

蜡梅 Chimonanthus praecox（图 4-38 至图 4-40）

【科属】蜡梅科，蜡梅属

【识别要点】落叶灌木，暖地半常绿，高达 3m。小枝近方形，单叶对生，全缘，叶卵状披针形或卵状椭圆形，长 7~15cm，端渐尖，基部广楔形或圆形，表面粗糙，背面光滑无毛，半革质，花两性，单生，直径约 2.5cm，花被外轮蜡质黄色，中轮带紫色条纹，具浓香，先叶开放。花期初冬至早春，心皮离生，着生在一中空的花托内，成熟时花托发育成蒴果状，口部收缩，内含瘦果（俗称种子）数粒。7—8 月成熟。

【分布范围】原产我国中部湖北、陕西等地。在北京以南各地庭园中广泛栽培观赏，河南鄢陵为蜡梅传统生产中心。

【变种与品种】蜡梅在我国久经栽培，常见栽培品种如下。

（1）狗蝇蜡梅 var. *intermedius*，也称红心蜡梅，为半野生类型。花淡黄，花被片基部有紫褐色斑纹，香气淡，花瓣尖似狗牙，花后结实。

（2）素心蜡梅 var. *concolor*，花瓣内没有紫色斑纹，全部黄色，瓣端圆钝或微尖，盛开时反卷，香气较浓，栽培广泛。

（3）小花蜡梅 var. *parviflorus*，花特小，直径约 0.9cm，外轮花被片黄白色，内轮有浓紫色条纹，香气浓。

【主要习性】喜光而能耐阴。较耐寒，耐旱，怕风，忌水湿，宜种在向阳避风处。喜疏松、深厚、排水良好的中性或微酸性砂质土壤，忌黏土和盐碱土。病虫害较少，但对二氧化硫气体抵抗力较弱。

蜡梅发枝力强，耐修剪，有"蜡梅不缺枝"之谚语。除徒长枝外，当年生枝大多可以形成花芽，徒长枝一般在次年能抽生短枝开花。以 5～15cm 的短枝上着花最多。树体寿命较长，可达百年以上。

【养护要点】蜡梅在栽培中注意树形修剪；花谢后及时修剪整形，留 15～20cm，并剪除已谢花朵；北方盆栽要加强修剪，促进新枝更新，2～3 年换盆一次。

【观赏与应用】蜡梅花被片黄似蜡，在寒冬银装素裹的时节，气傲冰雪，冒寒怒放，清香四溢，是颇具中国园林特色的冬季典型花木，一般以自然式的孤植、对植、丛植、列植、片植等方式，配置于园林或建筑入口处两侧，厅前亭周、窗前屋后、墙隅、斜坡、草坪、水畔、道路之旁。蜡梅与南天竹配置，隆冬呈现"红果、黄花、绿叶"交相辉映的景色，是江南园林很早采用的手法。蜡梅作为冬季名贵切花，瓶插时间特长，可达数十天之久。也极宜做盆栽、盆景，供室内观赏。

图 4-38　蜡梅（形）　　　　图 4-39　蜡梅（叶）　　　　图 4-40　蜡梅（果）

紫薇 *Lagerstroemia indica*（图 4-41 至图 4-44）

【科属】千屈菜科，紫薇属

【识别要点】落叶灌木或小乔木，高可达 7m，树冠不整齐，枝干多扭曲，树皮淡褐色，薄片状剥落后树干特别光滑，小枝四棱，无毛，叶对生或近对生，椭圆形至倒卵状椭圆形，长 3～7cm，先端尖或钝，基部广楔形或圆形，全缘，无毛或背脉有毛，具短柄。花两性，整齐，顶生圆锥花序，花色紫，但有深浅不同，小花直径为 3～4cm，花瓣 6 枚，有长爪，瓣边皱波状，萼片光滑，无纵棱，雄蕊多数，花丝长，花萼宿存，花期 6—9 月，蒴果近球形。

【分布范围】原产亚洲南部及澳洲北部，我国华东、华中、华南及西南均有分布，各地普遍栽培。

【变种与品种】紫薇有很多变种，常见者如下。

（1）银薇 f. *alba*，花白色。

（2）红薇 'Rubra'，花红色。

同属中有大花紫薇 *L. speciosa*，浙江紫薇 *L. chekiangensis*，南紫薇 *L. subcostata* 等，均有较高的观赏价值。

【主要习性】亚热带阳性树种，性喜光，稍耐阴，喜温暖气候，耐寒性不强，喜肥沃、湿润而排水良好的石灰性土壤。耐旱、怕涝、萌芽力和萌蘖性强，生长缓慢，寿命长。花芽形成在新梢停止生长后，高温少雨，有利于花芽分化。单朵花期 5～8 天，全株花期在 120 天以上。

【养护要点】北方移植紫薇，因萌发较晚，应在 4 月下旬至 5 月初进行。栽培紫薇可培育成乔木形、灌木丛生形、编扎形等，随时修剪下部枝条，对分枝者可截顶促进分枝及萌蘖而形成灌木丛生形。

【观赏与应用】紫薇树干光洁，仿若无皮，与众不同，风韵别具，逗人抚摩，俗名怕痒树、痒痒树、无皮树等，其花瓣皱曲，艳丽多彩。

紫薇适于庭院、门前、窗外配植，在园林中孤植或丛植于草坪、林缘，与针叶树相配，具有和谐协调之美，配植水溪、池畔则有"花低池小水平平，花落池心片片轻"的景趣，若配植于常绿树丛中，乱红摇于绿叶之间，则更绮丽动人。由于紫薇对多种有毒气体均有较强的抗性，吸附烟尘的能力比较强，是工矿、街道、居民区绿化的好材料，也是制作盆景、桩景的良好素材。

图 4-41　紫薇（形）　　图 4-42　紫薇（干）　　图 4-43　紫薇（叶）　　图 4-44　紫薇（花）

日本小檗 *Berberis thunbergii*（图 4-45 至图 4-47）

【科属】小檗科，小檗属

【识别要点】落叶多分枝灌木，高 2～3m。枝条广展，幼枝红褐色，有沟槽，老枝灰棕色，具有条棱，枝端常成针刺状，刺通常不分叉。叶倒卵形或匙形，长 0.5～2cm，先端钝，基部急狭，全缘，表面暗绿色，背面灰绿色。叶丛下有一由叶变形的刺，叶在短枝上簇生，在长枝上互生，4 月新叶间伸出花轴，着生 3～4 朵花，簇生状伞形花序，花浅黄色。浆果椭圆形至长圆形，长约 1cm，熟时亮红色。花期 5 月，果期 9 月。

【分布范围】产于日本及我国秦岭。我国各大城市均有观赏栽培，是园林中常见灌木。

【变种与品种】紫叶小檗 'Atropurpurea'，叶常年呈紫红色，其他特征同日本小檗，观赏价值更高。

【主要习性】日本小檗适应性强，喜凉爽湿润环境，性耐寒，忌积水，对土壤要求不高，而以肥沃、排水良好的砂质壤土为宜，微酸性及中性土壤均可适应。喜光，稍耐阴。萌芽力强，耐修剪。

【观赏与应用】日本小檗枝细密而具刺，叶形小而卵圆，春日枝悬金花，秋来树满红果，变化无穷，鲜丽悦目，是良好的观果、观叶、观花树种和刺篱材料。适于园路隅角、花丛边缘丛植，在岩石之间、池塘之畔点缀几丛，也颇相宜。

图 4-45　小檗

图 4-46　紫叶小檗（叶）

图 4-47　紫叶小檗（形）

结香 *Edgeworthia chrysantha*（图 4-48 和图 4-49）

【科属】瑞香科，结香属

【识别要点】落叶灌木，高 1～2m。枝粗壮，通常 3 叉状，棕红色，叶长椭圆形至倒披针形，长 6～15cm，先端急尖，基部楔形并下延，上面疏生柔毛，下面被长硬毛；具短柄。花黄色，芳香，头状花序顶生或侧生，下垂，有花 30～50 朵，结成绒球状。核果卵形。花期 3—4 月，先叶开放。

【分布范围】我国北自河南、陕西，南至长江流域以南各地均有分布。

【主要习性】暖温带树种。喜半阴，也耐日晒。喜温暖气候，耐寒力较差。喜排水良好的肥沃壤土。根肉质，怕积水。根颈处易长萌蘖。

【观赏与应用】结香柔条长叶，姿态清雅，花多成簇，芳香浓郁。适宜孤植、列植、丛植于庭前、道旁、墙隅或点缀于假山岩石之间。也可盆栽，进行曲枝造型。

图 4-48　结香（形）　　　　图 4-49　结香（花）

卫矛 *Euonymus alatus*（图 4-50 至图 4-52）

【科属】卫矛科，卫矛属

【识别要点】落叶灌木，高达 3m，小枝具 2～4 条硬木栓质翅，叶对生，倒卵状长椭圆形，长 3～5cm，缘具细锯齿，两面无毛，嫩时及秋后呈红色；叶柄极短，花黄绿色，常 3～9 朵成一具短梗之聚伞花序，腋生，蒴果 4 深裂，种子褐色，假种皮外露，呈橙红色，与红叶争艳，倍觉可爱。花期 5—6 月，果期 9—10 月。

【分布范围】原产我国北部至长江中下游各地，朝鲜及日本也有分布，各地广为栽培。

【主要习性】暖温带树种，性喜光，亦耐阴，对气候适应性很强，能耐干旱及寒冷，在中性、酸性及石灰质土上均能生长，萌芽力强。

【养护要点】大苗移栽应带宿土或捆土球更易成活。卫矛有黄杨尺蛾、黄杨斑蛾等食叶虫为害，应注意及早防治。

【观赏与应用】卫矛枝翅奇特，果裂红艳，嫩叶和秋叶皆紫红，且有紫果悬垂，为赏叶观果之佳木，卫矛做绿篱尤为别致；孤植群植，均甚相宜，水边池畔，更显效果，若在亭阁山石之间偶植一二，奇趣颇佳。卫矛对二氧化硫有较强抗性，用于工厂绿化美化亦甚适合，加以人工造型割成盆景，颇可赏玩。

图 4-50　卫矛（形）　　　图 4-51　卫矛（枝）　　　图 4-52　卫矛（叶）

山茱萸 *Cornus officinalis*（图 4-53）

【科属】山茱萸科，山茱萸属

【识别要点】落叶灌木或小乔木；老枝黑褐色，嫩枝绿色。叶对生，卵状椭圆形，长 5～12cm，宽约 7.5cm，叶端渐尖，叶基浑圆或楔形，叶两面有毛，侧脉 6～8 对；脉腋有黄褐色簇毛，叶柄长约 1cm。伞形花序腋生；序下有 4 小总苞片，卵圆形，褐色；花萼 4 裂，裂片宽三角形；花瓣 4 枚，卵形，黄色；花盘环状。核果椭圆形，熟时红色。花期 5—6 月，果 8—10 月成熟。

【分布范围】产于山东、山西、河南、陕西、甘肃、浙江、安徽、湖南等地，江苏、四川等地有栽培。

【主要习性】性喜温暖气候，在自然界多生于山沟、溪旁，喜适湿而排水良好处。

【养护要点】由于山茱萸种皮坚硬，不易发芽，不管是春播还是秋播，播种后都应及时用地膜覆盖以保温保湿。

【观赏与应用】山茱萸先开花后萌叶，秋季红果累累，艳丽夺目，为秋冬季观果佳品，在园林绿化中十分受欢迎，可在庭园、花坛内孤植或片植，景观效果绝佳。果可入药，有健胃、补肾、收敛强壮之效，可治腰痛症。

图 4-53　山茱萸

红瑞木 *Cornus alba*（图 4-54）

【科属】山茱萸科，梾木属

【识别要点】落叶灌木，枝条血红色，常被白粉。叶片为椭圆形或卵圆形，全缘，侧脉 5～6 对，中脉在叶表面凹陷。伞房状聚伞花序顶生，白色或淡黄白色，花期 5—7 月。核果呈斜卵圆形，成熟时白色或稍带蓝色，果期 8—10 月。

【分布范围】分布于东北、内蒙古及河北、陕西、山东等地。

【主要习性】喜光，耐寒，喜略湿润土壤，耐干旱，耐修剪，根系发达。

【养护要点】移植后应行重剪，栽后初期应勤浇水；以后每年应适当修剪，以保持良好树形及枝条繁茂，应注意枝枯病的防治。

【观赏与应用】红瑞木秋叶鲜红，小果洁白，枝条终年鲜红色，是少有的观枝树种；园林中多丛植于草坪上或与常绿乔木相间种植，形成红绿相映之效果，也可植于河边、湖畔、堤岸上，起到护岸固土的作用；果可榨油。

图 4-54　红瑞木

山麻杆 *Alchornea davidii*（图 4-55 至图 4-57）

【科属】大戟科，山麻杆属

【识别要点】落叶小灌木，高 2～3m，丛生。幼枝密被茸毛，细短，绿色，老枝光滑，棕色或紫红色，单叶互生，纸质，圆形或扁圆形至阔卵形，先端急尖或钝圆，基部心脏形，边缘具粗锯齿，叶长 12～25cm，宽 10～20cm，叶面幼时呈红色、紫红色，后变为浅绿色，略被毛痕，叶背幼时红色或紫色，老时紫绿，艳丽可爱，花小，单性同株，花无花瓣，花萼紫色，雄花密生，呈圆柱状的穗状花序，雌花为总状花序，疏散。花期 4—5 月，先叶开放；蒴果近圆形，果期 7—8 月。

【分布范围】产于长江流域及陕西。

【主要习性】喜光，耐半阴，喜温暖气候，不耐严寒，对土壤要求不严，在酸性、中性和钙质土壤中均可生长，忌水涝，萌蘖力强，容易更新，生长迅速。

【养护要点】山麻杆是观嫩叶树种，一般栽后 3～5 年应截干或平茬更新，因不耐严寒，北方地区宜选向阳温暖之地定植。

【观赏与应用】山麻杆树形秀丽，新枝嫩叶俱红，为园林中优良观叶、观茎树种，丛植庭前、路边或山石之旁，均甚相宜，若与其他花木成丛或成片配植，则层次分明，色彩丰富，颇为美观。

图 4-55 山麻杆（形）

图 4-56 山麻杆（叶）(1)

图 4-57 山麻杆（叶）(2)

荚蒾 *Viburnum dilatatum*（图 4-58）

【科属】忍冬科，荚蒾属

【识别要点】落叶灌木，高 2～3m。嫩枝有星状毛，老枝红褐色。叶宽倒卵形至椭圆形，长 3～9cm，顶端渐尖至骤尖，基圆形至近心形，边缘有尖锯齿，表面疏生柔毛，背面近基部两侧有少数腺体和多数细小腺点，脉上有柔毛或星状毛。复聚伞花序，直径8～12cm；花冠辐状，白色，5 裂；雄蕊 5，长于花冠。核果近球形，深红色。花期 5—6 月，果期 9—10 月。

【分布范围】广布于陕西、河南、河北及长江流域各地，以华东常见。

【主要习性】喜温湿，半阴，喜光，对土壤要求不严。

【观赏与应用】荚蒾花白色而繁密，果红色而艳丽，可栽植于庭园观赏。果熟时可食。茎叶入药。

图 4-58 荚蒾

木绣球 *Viburnum keteleeri* 'Sterile'（图 4-59）

【科属】忍冬科，荚蒾属

【识别要点】落叶或半常绿灌木，高达 4m，冬芽裸露，枝叶密生星状毛。叶对生，卵形，椭圆形，长 5～8cm，先端钝，基部圆形，缘有细锯齿。聚伞花序，径约 18～20cm，花全为白色大型不孕花，花冠幅状，呈一大雪球状，极为美观。花期 5～6 月。

【分布范围】山东、河南、江苏、浙江、江西、湖南、湖北、贵州、广西、四川、福建等地有栽培。北京偶有栽培。

【变种与品种】琼花 f. *keteleeri*，聚伞花序，直径 10～12cm，仅边缘为白色大型不孕花，中部为可孕花，花后结果，核果椭圆形，先红后黑。花期 4 月，果期 9—10 月。分布于江苏南部、浙江、安徽西部、江西西北部、湖南南部及湖北西部，生于丘陵山区林下或灌丛中；石灰岩山地也有生长，为著名观赏树种，各地栽培。

【主要习性】适应性好。喜光，耐寒；喜富含腐殖质的土壤。

【养护要点】木本绣球移植修剪注意保持冠形。

【观赏与应用】绣球花花序肥大，洁白如云，花期甚长，枝条拱形，树形圆正，为优良的观花树种，宜丛植于路边、草坪或林缘，植于小径两侧，形成拱形通道，别有风趣。

图 4-59 木绣球

大花六道木 *Abelia×grandiflora*（图 4-60 和图 4-61）

【科属】忍冬科，六道木属

【识别要点】落叶或半常绿灌木；幼枝红褐色，有短柔毛。单叶对生，卵形至卵状椭圆形，长 2～4cm，缘有疏齿，表面暗绿而有光泽。花冠白色或略带红晕，钟形，长约 2cm；花萼 2～5 片；雄蕊通常不伸出；成松散的顶生圆锥花序。本种是糯米条与单花六道木（*A.uniflora*）之杂交种。花期 7 月至晚秋。

【分布范围】广泛栽培于北半球，国内外都有栽培，我国长江流域常见栽培，是美丽的观花灌木。

【主要习性】喜温暖湿润，较为耐寒，在淮河流域一带可露地越冬。

【养护要点】大花六道木的长势很旺盛，盆栽时往往会因此而植株偏大，应通过修剪控制株形。

【观赏与应用】大花六道木花朵繁密，红白色，花后红色的花萼长期宿存，开花多而花期长，可丛植于草地、林缘或建筑物前，也可做盆景及绿篱材料。观赏价值高，尤其是观叶品种金叶大花六道木叶色金黄，是著名的彩叶树种；常用做花篱、地被、基础种植材料，也可用于模纹图案。

图 4-60　大花六道木（形）

图 4-61　大花六道木（叶）

八仙花（绣球）*Hydrangea macrophylla*（图 4-62）

【科属】虎耳草科，绣球属

【识别要点】落叶灌木，高 2~4m，小枝粗壮无毛，表皮皮孔明显，叶对生，倒卵形或椭圆形，边缘锯齿粗钝，叶表鲜绿色，叶背黄绿色，光滑或稍有柔毛，质厚，顶生伞形花序近球形，几乎全部由不孕花组成，花径可达 20cm；扩大的萼片 4 枚，宽卵形或圆形，蓝色、粉红色或白色。花期 6—7 月。

【分布范围】原产于湖北、广东、云南诸地，日本亦有分布，现我国各地庭园常见栽培观赏。

【主要习性】八仙花系亚热带树种，性不耐寒，华北多盆栽，耐阴，喜湿润、肥沃之壤性土，花多蓝色，在碱性土则出现水红色，根肉质，不耐积水，忌强烈日光。

【变种与品种】

（1）山绣球 var. *normalis*，伞房花序扁平、松散，不孕花排列在花序边缘，产浙江。

（2）紫茎八仙花 var. *mandshurica*，茎暗紫色或近于黑色，叶椭圆形，几乎全部为不孕花。常见栽培。

（3）银边八仙花 var. *maculata*，叶较狭小，边缘白色，花序中不孕性花及可孕性花共存，是优美的花叶俱佳变种。

【养护要点】喜肥，生长期间一般每 15 天施一次腐熟稀薄饼肥水，为保持土壤的酸性，可用 1%~3% 的硫酸亚铁加入肥液中施用，经常浇灌矾肥水，可使植株枝繁叶绿，孕蕾期增施一两次磷酸二氢钾，能使花大色艳，施用饼肥应避开伏天，以免病虫害和伤害根系。八仙花的根为肉质根，浇水不能过分，忌盆中积水，否则会烂根。

【观赏与应用】八仙花碧叶葱葱，清雅柔和，风姿自然，繁英如雪，聚集如球，犹如蝴蝶成团，玲珑满树，冰清玉洁，丰盛娇妍，花色能蓝能红，艳丽可爱，宜配植在林丛、林片的边缘或植于门庭入口处，植于乔木之下，若点缀于日照短的湖边、池畔、庭院，花色既艳，姿态亦美，配植于假山、土坡之间，或列植成花篱、花境，更觉花团锦簇，悦目怡神。八仙花用于盆栽，可供室内欣赏，也可用于工厂绿化。

图 4-62 八仙花

石榴 *Punica granatum*

【科属】石榴科，石榴属

【识别要点】落叶灌木或小乔木，高 2～7m；枝常有刺。单叶对生或簇生，长椭圆状倒披针形，长 3～6cm，全缘，亮绿色。花单生枝顶，通常深红色；花萼钟形，紫红色；花期 5—6 月。浆果呈球形，直径 6～8cm，古铜红色或古铜黄色，具有宿存花萼；种子多数，具肉质外种皮，可食；果期 9—10 月。

【分布范围】原产伊朗及阿富汗；汉代张骞出使西域时引入我国，现黄河流域及以南地区有栽培。

【主要习性】喜光，喜温暖气候，有一定的耐寒力，在北京背风向阳的小气候良好条件下可露地栽培；喜湿润、肥沃而排水良好的土壤，不适于山区栽培。

【养护要点】在夏、秋梢上的花谢后应及时摘除，修剪时切忌短截结果母枝。

【观赏与应用】石榴枝密叶茂，繁花似火；中秋时节则朱实离离，挂满枝头，为花果俱美的著名庭园树种。配植在阶前、庭中墙隅、门边、亭台之侧，无不相宜，在主景、对景的花丛和山石小品中配植，颇具色彩对比之美。重瓣品种有三季开花者，花尤艳丽，多供盆栽：老桩盆景，枯干疏枝，缀以硕果，甚堪赏玩。

项目 5　常绿灌木的识别与应用

　　常绿灌木是指那些终年都能保持常绿的，没有明显主干而呈丛生状态比较矮小的木本植物。灌木层高度的视域范围是风景林空间中重要的观赏点，在空间中不仅是体现层次变化的重要媒介之一，同时在尺度上也最为亲和，从视觉效果和感官上起着"面"的功能，易于成为公众的视觉中心。灌木层植物往往品种多，色彩丰富、形态多样，秋冬季季相特征明显。能够巧妙运用常绿灌木的观赏特性，不仅对生态建设具有重要意义，也有利于营造出特色鲜明的秋冬季风景林。

　　根据园林绿化工作实践，以实用为目的，本项目将常绿灌木的识别与应用设计为三个任务，包括常绿灌木的识别、常绿灌木的园林应用调查、常绿灌木树种优化方案的制订。

知识目标

（1）掌握常见常绿灌木识别要点。

（2）掌握常见常绿灌木的观赏特性和园林应用特点。

（3）熟悉常绿灌木的生态习性和养护要点。

能力目标

（1）能够识别常见常绿灌木 30 种以上。

（2）能够根据常绿灌木的观赏特点、植物文化和生态习性合理地应用。

（3）能够根据具体绿地性质进行合理配置。

素质目标

（1）提升对园林植物景观的艺术审美能力。

（2）培养分析问题、解决问题的能力。

（3）提升小组分工合作、沟通交流的能力。

任务 5.1　常绿灌木的识别

学习任务

　　调查所在校园或居住区、城市公园等环境内的常绿灌木种类（不少于 30 种），调查内容包括调查地点常绿灌木树种名录、主要识别特征等，完成常绿灌木树种识别调查报告。

任务分析

　　该任务要求学生在掌握常见常绿灌木的识别特征的前提下，通过实地调研完成调研报告。

任务实施

　　材料用具：植物检索工具书、形色、花伴侣等识别软件、相机、记录本、笔。

　　实施过程：

　　（1）调查准备：学习相关理论知识，确定调查对象，制订调查方案。

　　（2）实地调研：教师现场讲解，指导学生识别。学生分组活动，调查绿地内常绿灌木的种类，记录每种树木的名称、科属、典型识别特征，拍摄树木整体形态和局部细节图片。

　　（3）整理调查记录表和图片，完成调查报告及 PPT。

　　（4）组间交流讨论，指导教师点评总结。

任务完成

　　完成调研分析报告（Word 及 PPT 版），并填写表 5-1。

表 5-1　常绿灌木种类统计表

序号	树种名称	拉丁学名	典型识别特征	备注
1				
2				
3				
4				
⋮				

任务评价

考核内容及评分标准见表 5-2。

表 5-2 评分标准

序号	评价内容	评价标准	满分	说　明	自评得分	师评得分	互评得分	平均分
1	树种调查	调查过程是否认真	10	①调查态度认真得 9～10 分；②调查态度一般得 6～8 分；③调查敷衍或未调查得 0～5 分				
2	调查报告	完成态度，分析是否全面、准确	70	①报告中包含 30 种以上常绿灌木，对树种识别特征描述全面、准确，图文并茂，图片包含整体树形和局部细节图，得 61～70 分；②基本能识别 30 种左右常绿灌木，树种识别特征描述基本准确，但调研报告完成态度敷衍，拍摄图片无法体现典型识别特征为 51～60 分；③报告中常绿灌木种类远小于 30 种，树种识别特征描述错误较多为 50 分以下				
3	结果汇报	PPT 制作是否精美，汇报语言是否流利，仪态是否大方、自信	10	① PPT 制作精美，汇报语言流利，仪态大方、自信得 9～10 分；② PPT 内容完整，汇报基本完成得 6～8 分；③ PPT 制作敷衍，内容不完整，汇报语言不流利得 0～5 分				
4	小组合作	组内分工是否合理，成员配合默契程度	10	①组员分工明确、配合默契得 9～10 分；②组员分工基本合理，配合一般得 6～8 分；③组员未分工，互相推诿得 0～5 分				

任务 5.2　常绿灌木的园林应用调查

学习任务

调查所在校园或居住区、城市公园等环境内的常绿灌木的园林应用形式和观赏特征，完成常绿灌木园林应用调查报告。

任务分析

　　该任务要求学生在掌握常见常绿灌木的园林应用形式及观赏特征的前提下，通过实地调研完成调研报告。

任务实施

　　材料用具：相机、记录本、笔。

　　实施过程：

　　（1）调查准备：学习相关理论知识，确定调查对象，制订调查方案。

　　（2）实地调研：分组调查绿地内常绿灌木的主要观赏部位、观赏特征以及园林应用形式，拍摄图片，及时记录。

　　（3）整理调查记录表和图片。

　　（4）对调查结果进行分析，完成调查报告及 PPT。

　　（5）组间交流讨论，指导教师点评总结。

任务完成

　　完成调研分析报告（Word 及 PPT 版），绘制现有树种分布草图，并填写表 5-3。

表 5-3　常绿灌木种类统计表

序号	树种名称	主要观赏部位及特征	园林应用形式	备注
1				
2				
3				
4				
⋮				

任务评价

　　考核内容及评分标准见表 5-4。

表 5-4　评分标准

序号	评价内容	评价标准	满分	说　明	自评得分	师评得分	互评得分	平均分
1	树种调查	调查过程是否认真	10	①调查态度认真得9~10分；②调查态度一般得6~8分；③调查敷衍或未调查得0~5分				
2	调查报告	完成态度，分析是否全面、准确	70	①调查报告完成态度认真，对观赏特征、园林应用形式分析全面、准确，图文并茂得61~70分；②调查报告完成态度一般，对观赏特征、园林应用形式分析基本准确得51~60分；③调查报告完成态度敷衍，对观赏特征、园林应用形式分析片面、不准确，图文不符得50分以下				
3	结果汇报	PPT制作是否精美，汇报语言是否流利，仪态是否大方、自信	10	①PPT制作精美，汇报语言流利，仪态大方、自信得9~10分；②PPT内容完整，汇报基本完成得6~8分；③PPT制作敷衍，内容不完整，汇报语言不流利得0~5分				
4	小组合作	组内分工是否合理，成员配合默契程度	10	①组员分工明确，配合默契得9~10分；②组员分工基本合理，配合一般得6~8分；③组员未分工，互相推诿得0~5分				

任务 5.3　常绿灌木树种优化方案的制订

学习任务

对校园或居住区、城市公园进行绿化提升与树种优化，重点掌握如何合理选择常绿灌木以丰富秋冬季下层植物景观。

任务分析

本任务要从了解场地环境特点、自然条件和树种选择要求开始，深入调查和研究能够适合场地环境应用特色的常绿灌木种类，制订常绿灌木树种优化方案。树种选择应突出常绿灌木观赏特征以及与绿化环境的适应性。

任务实施

　　材料用具： 相机、记录本、笔。

　　实施过程：

　　（1）调查准备：确定学习任务小组分工，明确任务，制订任务计划；整理校园或居住区、城市公园自然条件的相关资料。

　　（2）实地调研：调查校园或居住区、城市公园内的常绿灌木生长环境及园林景观效果。

　　（3）根据调研结果，分析校园或居住区、城市公园内的常绿灌木生长环境是否符合其生态习性要求，常绿灌木观赏特性的应用是否合理，对应用不合理的常绿灌木提出替代树种，从而制订常绿灌木树种优化方案。

　　（4）完成调研报告及 PPT。

　　（5）组间交流讨论，指导教师点评总结。

任务完成

　　（1）完成调研报告：常绿灌木树种优化方案（Word 版）。

　　（2）制作 PPT 并进行方案汇报。

任务评价

　　考核内容及评分标准见表 5-5。

表 5-5　评分标准

序号	评价内容	评价标准	满分	说　　明	自评得分	师评得分	互评得分	平均分
1	场地调研	调查过程是否认真	10	①调查态度认真得 9~10 分；②调查态度一般得 6~8 分；③调查敷衍或未调查得 0~5 分				
2	调查报告	完成态度，分析是否全面、准确	40	①调查报告完成态度认真，对常绿灌木应用情况分析全面、准确，图文并茂得 31~40 分；②调查报告完成态度一般，对常绿灌木应用情况分析基本准确为 21~30 分；③调查报告完成态度敷衍，对常绿灌木应用情况分析片面、不准确，图文不符得 20 分以下				

序号	评价内容	评价标准	满分	说　明	自评得分	师评得分	互评得分	平均分
2	调查报告	常绿灌木树种优化是否合理	30	①常绿灌木树种选择符合当地生态条件要求，观赏特性应用合理，景观效果好得21～30分；②常绿灌木树种选择基本符合当地生态条件，但景观效果较差得11～20分；③常绿灌木树种选择不符合当地生态条件要求得10分以下				
3	结果汇报	PPT制作是否精美，汇报语言是否流利，仪态是否大方、自信	10	①PPT制作精美，汇报语言流利，仪态大方、自信得9～10分；②PPT内容完整，汇报基本完成得6～8分；③PPT制作敷衍，内容不完整，汇报语言不流利得0～5分				
4	小组合作	组内分工是否合理，成员配合默契程度	10	①组员分工明确，配合默契得9～10分；②组员分工基本合理，配合一般得6～8分；③组员未分工，互相推诿得0～5分				

理论认知

含笑 *Michelia figo*（图5-1至图5-3）

【科属】木兰科，含笑属

【识别要点】常绿灌木或小乔木，分枝紧密。芽、小枝、叶柄及花梗均具锈色茸毛。叶革质，倒卵状椭圆形，长4～10cm，深绿色；叶柄极短。花单生叶腋，花瓣6～9瓣，乳黄色而边缘常具紫红色晕，香气浓郁如香蕉，花开而不全放，故名含笑，完全张开后即凋落；花期4—5月。聚合蓇葖果。

【分布范围】原产于亚热带的两广及福建等地，长江流域及以南地区普遍露地栽培，长江以北地区盆栽观赏。

【主要习性】喜弱阴湿润环境，不耐寒，不耐旱，不耐石灰质土壤，忌积水，忌暴晒，宜5℃以上室内越冬，对氯气有一定抗性。

【养护要点】移植需带泥球，3月中旬至4月上旬进行，大苗移栽必须进行高强度修剪，调整株型，栽植忌积水。

【观赏与应用】含笑的树冠浑圆，绿叶葱茏，本种为著名的芳香花木，适合小游园、花园、公园或街道自然式成丛配植，若在草坪边缘配以成片含笑，意趣尤浓。

图 5-1 含笑（形）　　　　　图 5-2 含笑（叶）　　　　　图 5-3 含笑（花、果）

月季 *Rosa chinensis*（图 5-4 至图 5-6）

【科属】蔷薇科，蔷薇属

【识别要点】常绿或半常绿灌木，枝梢开张，高达 2m；通常具钩状皮刺。奇数羽状复叶，小叶 3～5 枚，长 2.5～6cm；小叶卵状椭圆形，叶缘有锐锯齿，表面有光泽。3 花单生或几朵集生成伞房状，重瓣，有紫、红、粉红等色，直径 4～6cm，芳香；萼片羽裂状；花期 5—10 月。果期 9—11 月。

【分布范围】原产于我国华中及西南地区，18 世纪中叶传入欧洲，现国内外普遍栽培观赏。

【变种与品种】月季的主要变种如下。

（1）月月红 var. *semperflorens*，茎较纤细常带紫红晕，叶较薄常带紫晕，花常单生，紫色或深粉红色，花梗细长而常下垂，花期长，我国长期栽培。

（2）小月季 var. *minima*，植株矮小，一般低于 25cm，多分枝，花较小，径约 3cm，玫瑰红色，单瓣或重瓣，宜做盆栽观赏。

（3）绿月季 var. *vividiflora*，花绿色，单瓣。

（4）变色月季 f. *mutabilis*，花单瓣，初开时硫黄色，继变橙色、红色，最后呈暗红色，径 4.5～6cm。

【主要习性】喜光，不耐阴；喜温暖湿润气候及肥沃、微酸性土壤，不抗盐，钙质土上生长良好；耐寒性不强，北京可露地越冬；夏季高温对开花不利，以春秋两季开花最多最好。

【养护要点】月季的扦插苗一般超过十年生长衰弱，需要更新，栽培管理较简易，新栽植株要重剪，以后每年初冬也要根据当地气候适当重剪；一般老枝仅留 2～4 芽，弱枝、枯枝、病枝、过密枝应从基部剪除；花后及时修剪，于饱满向外的芽上部剪去残花；华北地区须在初冬先灌冻水，再重剪后封土保护越冬；盆栽者冬季落叶入室后要注意控制浇水，室内温度不要超过 10℃，若 15℃以上应按正常管理。

【观赏与应用】月季花色艳丽芳香，花期长，生长季节陆续开花，色香俱佳，是美化庭院的优良传统花木，宜做花坛及基础种植用，也可盆栽或做切花；可作为专类园树种。

图 5-4　月季（形）　　　　图 5-5　月季（叶）　　　　图 5-6　月季（花）

木香 *Rosa banksiae*（图 5-7）

【科属】蔷薇科，蔷薇属

【识别要点】常绿攀援灌木，高达 6m，枝细长绿色，光滑而少刺。小叶 3～5 枚，罕 7 枚，卵状长椭圆形至披针形，长 2.5～5cm，先端尖或钝，缘有细锐齿，表面暗绿而有光泽，背面中肋常微有柔毛；托叶线形，与叶柄离生，早落。花常为白色，径约 2.5cm，芳香；萼片全缘，花梗细长，光滑；3～15 朵排成伞形花序。果近球形，红色，直径 3～4mm，萼片脱落。花期 4—5 月，北京花期为 5 月上中旬。

【分布范围】原产于我国西南，现各地普遍栽培观赏。

【主要习性】性喜阳光，耐寒性不强，北京须选背风向阳处栽植。

【养护要点】繁殖多用压条或嫁接法；扦插虽可，但较难成活。木香生长迅速，管理简单，开花繁茂而芳香，花后略行修剪即可。

【观赏与应用】木香晚春至初夏开花，芳香袭人，是有名的香花树种，宜做棚架、篱垣、凉廊、假山、岩壁等垂直绿化材料。

图 5-7　木香

火棘 *Pyracantha fortuneana*（图 5-8）

【科属】蔷薇科，火棘属

【识别要点】常绿灌木，高达 3m；枝呈拱形下垂；有枝刺；幼枝被锈色短茸毛。单叶互生，倒卵形或倒卵状长圆形，长 2～6cm；先端圆或微凹，具疏钝锯齿，齿尖内弯，叶近基部全缘。复伞房花序，花白色；花期 4—5 月。果近球形，红色；果期 9—10 月。

【分布范围】产于我国东部、中部及西南地区，以长江流域的四川、湖南、湖北、贵州最为集中。

【主要习性】喜光，喜湿，稍耐阴，不耐寒，冬季干旱而寒冷，土壤冻结期 3 个月以上地区难以适应，土壤排水良好，忌积水。北京小气候良好条件下可露地栽培，且年年结果。

【养护要点】移植须带土坨，定植后适当重剪。养护管理较简单，对生长紊乱的枝条修剪整形。

【观赏与应用】火棘枝叶茂盛，四季常绿，初夏白花繁密，入秋果红如火，且宿存枝上甚久（直至新芽萌发），颇美观。红果满枝如同点燃的火把，故西部土名"火把果"。园林绿地中可丛植林缘、草地，或山坡、桥头、路口等处孤植，亦可做基础种植或篱植，也是盆景的好材料。

图 5-8　火棘

石楠 *Photinia serrulata*（图 5-9 至图 5-12）

【科属】蔷薇科，石楠属

【识别要点】常绿灌木或小乔木。全体几无毛。叶长椭圆形至倒卵状长椭圆形，长 8～20cm，先端尖，基部圆形或广楔形，缘有细尖锯齿，革质有光泽，幼叶带红色。花白色，成顶生复伞房花序。果球形，红色。花期 5—7 月，果熟期 10 月。

【分布范围】产中国中部及南部。喜光，稍耐阴，喜温暖，尚耐寒，能耐短期的 –15℃低温，在西安可露地越冬；喜排水良好的肥沃壤土，也耐干旱瘠薄，能生长在石缝中，不耐水湿。生长较慢。

【养护要点】一般无须修剪，也不必特殊管理。

【观赏与应用】本种树冠圆形，枝叶浓密，早春嫩叶鲜红，秋冬又有红果，是美丽的观赏树种。园林中孤植、丛植及基础栽植都甚为合适，尤宜配植于整形式园林中。此外，石楠可做枇杷的砧木，用石楠嫁接的枇杷寿命长，耐瘠薄土壤，生长强壮。

图5-9　石楠（形）　　　　图5-10　石楠（叶）　图5-11　石楠（幼叶）　图5-12　石楠（果）

红叶石楠 *Photinia × fraseri*（图5-13）

【科属】蔷薇科，石楠属

【识别要点】常绿灌木或小乔木，树冠呈近球形。叶片革质，有光泽，长椭圆形至倒卵状椭圆形，长8~20cm。冬、春、秋三季，其新梢和嫩叶火红，夏季高温季节叶色转为亮绿色。花期5—7月，顶生复伞房花序，花白色，直径为6~8mm。果呈球形，紫红色，果期10—11月。

【分布范围】产于中国中部及南部。

【主要习性】喜光，稍耐阴，喜温暖，能耐短期的−15℃低温，喜肥沃、湿润而排水良好的酸性至中性土壤，较耐干旱、瘠薄，不耐水湿，萌芽力强，耐修剪。

【养护要点】树形端正，移栽时要注意保护下部枝条，使树形圆整美观；萌芽力强，适合造型，可修剪成各种形状，对造型的树种一年要修剪一两次，若用做绿篱，应该经常修剪以保持良好形态。

【观赏与应用】红叶石楠树冠圆整，枝叶浓密，春秋两季嫩叶鲜红，初夏白花，秋冬又有红果，是重要的观叶、观果树种，在园林中孤植、丛植及基础栽植都可；可修剪成球体或其他几何形体，用于园林点缀，也可用做绿篱材料。

图5-13　红叶石楠

南天竹 *Nandina domestica*（图 5-14 至图 5-16）

【科属】小檗科，南天竹属

【识别要点】常绿直立灌木，高达 2m；丛生而少分枝；干灰黄褐色，内皮鲜黄色。二至三回羽状复叶互生，中轴有关节突出，总叶轴常暗红色；小叶卵状披针形至椭圆状披针形，长 3～10cm，全缘。顶生圆锥花序，花小、白色；花期 5—7 月。浆果呈球形，鲜红色，径 0.7～1cm，果期 9—10 月。

【分布范围】原产于中国、日本、朝鲜，河北、山东、湖北、江苏、陕西、四川等地均有分布，现国内外庭院中广为栽培。

【主要习性】喜半阴环境，喜温暖湿润气候，耐寒性不强，在北京避风条件下能露地越冬，喜湿润、肥沃而排水良好的土壤，生长慢。

【养护要点】南天竹在栽培中注意防止阳光直晒；干旱季节适当浇水，但开花期不能浇水过多，以免落花和幼果脱落；盆栽 3～5 年需换盆，注意花期置于半阴处，换盆时可结合分株，并剪去过密的细弱枝干，促进通风，春季红果应连梗剪掉，避免争夺养分。

【观赏与应用】南天竹茎秆丛生，枝叶扶疏；叶如竹叶，且秋冬变红，更有红果累累，经久不落，实为赏叶观果的优良树种；长江流域及以南地区可于庭院、草坪、路旁角隅等处露地栽培，北方寒地大多盆栽观赏；北京小气候良好条件下可露地栽培。

图 5-14　南天竹（形）　　　　图 5-15　南天竹（叶）　　　　图 5-16　南天竹（果）

珊瑚树 *Viburnum odoratissimum*（图 5-17 至图 5-19）

【科属】忍冬科，荚蒾属

【识别要点】常绿灌木或小乔木，高达 10～15m；枝灰色或灰褐色，有凸起的小瘤状皮孔。叶革质，椭圆形至椭圆状矩圆形，长 7～20cm，先端短尖或钝形，全缘或下部有不规则浅波状钝齿，表面深绿而有光泽，背面色较浅。圆锥花序，花芳香，无梗或有短梗；花冠白色，后变黄白色，有时微红，辐状；雄蕊略超出花冠裂片，花药黄色。果实先红色后变黑色，卵圆形或卵状椭圆形。花期4—5月，果期7—9月。

【分布范围】产福建东南部、湖南南部、广东、海南和广西。生于山谷密林中溪涧旁蔽荫处、疏林中向阳地或平地灌丛中，海拔200~1300m。

【主要习性】喜温暖湿润气候，喜中性土，抗污染，抗火力强。

【养护要点】珊瑚树生长旺盛，吸水量大，宜选肥沃、湿润的土壤栽培，初栽后浇足定根水，以后根据土壤或天气状况适当浇水或灌溉。

【观赏与应用】珊瑚树枝繁叶茂，遮蔽效果好，红果形如珊瑚，又耐修剪，是一种理想的园林绿化树种，在我国江南城市及园林中普遍栽做绿篱或绿墙。此外，因珊瑚树对煤烟和有毒气体具有较强的抗性和吸收能力，也是工厂区绿化及防火的好树种。

图 5-17　珊瑚树（形）

图 5-18　珊瑚树（叶）

图 5-19　珊瑚树（果）

地中海荚蒾 Viburnum tinus（图 5-20 和图 5-21）

【科属】忍冬科，荚蒾属

【识别要点】常绿灌木，高达2~7m，多分枝，树冠球形，冠径达2.5~3m；叶对生，椭圆形至卵形，深绿色，长4~10cm，宽2~4cm，全缘；聚伞花序，直径达5~10cm，花蕾粉红色，盛开后花白色；果卵形，深蓝黑色，直径5~7mm。

【分布范围】原产欧洲，华东地区常见栽培。

【主要习性】喜光，也耐阴，能耐–15~–10℃的低温，在上海地区可安全越冬，对土壤要求不严，较耐旱，忌土壤过湿。

【养护要点】要注意防治叶斑病和粉虱。

【观赏与应用】枝叶繁茂，耐修剪，适于做绿篱，也可栽于庭园观赏，是长江三角洲地区冬季观花植物中不可多得的常绿灌木。

图 5-20　地中海荚蒾（形）　　　　　　　　图 5-21　地中海荚蒾（叶）

红花檵木 *Loropetalum chinense* var. *rubrum*（图 5-22）

【科属】金缕梅科，檵木属

【识别要点】红花檵木是檵木的变种。常绿或半常绿灌木或小乔木，树皮灰紫色。小枝纤细，红褐色，密被星状毛。叶互生，卵形或椭圆形，长 2～5cm，基部圆而偏斜，表面暗紫色，背面紫红色，两面均有星状毛。头状或短穗状花序，淡紫红色，花期长，以春季为盛花期。蒴果木质，倒卵圆形，黑色，光亮，果期 9—10 月。

【分布范围】分布于长江流域及以南地区，华北南部也有分布，但冬季常落叶。

【主要习性】适应性强，喜光，稍耐阴，在阳光充足的环境条件下，花、叶颜色鲜艳，而且花量大，而阴处则观赏价值降低，喜温暖湿润气候，也较耐寒，适宜在肥沃、湿润的微酸性土壤中生长，萌芽力和发枝力强，耐修剪。

【观赏与应用】红花檵木树姿优美，常年叶片紫红，观花期长达数月，是优良的花叶兼赏树种；丛植于庭院、草地、林缘或与山石相配合都很合适，还是制作桩景的优良材料。

图 5-22　红花檵木

冬青卫矛（大叶黄杨）*Euonymus japonicus*（图 5-23 至图 5-26）

【科属】卫矛科，卫矛属

【识别要点】常绿灌木或小乔木，高可达 8m。小枝绿色，梢四棱形。叶革质，有光泽，椭圆形至倒卵形。花绿白色，6～12 朵成密集聚伞花序，花期 6—7 月。蒴果近球形，淡红色，直径 8～10mm，熟时 4 瓣裂，假种皮橘红色，果期 9—10 月。

【分布范围】原产于日本南部，中国南北各省（区、市）均有栽培。

【变种与品种】冬青卫矛的主要品种有金边大叶黄杨 'Aurea-marginatus'、金心黄杨 'Aureo-pictus'、银边大叶黄杨 var. *albo-marginatus* 等。

【主要习性】喜光，较耐阴，喜温暖湿润气候，较耐寒；在北京以南可以露地越冬，要求肥沃、疏松的土壤，极耐修剪整形，对各种有毒气体及烟尘有很强的抗性。

【养护要点】移植应在 3—4 月间进行，小苗移栽可以裸根蘸泥浆栽植，大苗移栽或远距离运输需要带土球；常见病虫害有叶斑病、白粉病、疮痂病和蚧壳虫，应注意及早防治。

【观赏与应用】冬青卫矛枝叶茂密，四季常青，叶色亮绿，而且有许多花叶、斑叶变种，是优良的观叶树种。冬青卫矛可用做绿篱，还可以修剪成球形、多层式等艺术造型，应用于规则式园林中，也常用做背景材料、街道绿化和工厂绿化材料。

图 5-23　冬青卫矛（形）　　　图 5-24　冬青卫矛（叶）　　　图 5-25　金边大叶黄杨　　　图 5-26　银边大叶黄杨

扶芳藤（爬行卫矛）*Euonymus fortunei*（图 5-27 和图 5-28）

【科属】卫矛科，卫矛属

【识别要点】常绿藤状灌木，匍匐生长或不定根攀缘，长达 10m，小枝有小瘤状皮孔。叶对生，椭圆至椭圆状披针形，边缘微锯齿，侧脉在两面显著隆起，长 2～8cm，叶柄具窄翅。聚伞花序腋生；萼 4 片；花 4 瓣，绿白色；花期 6—7 月。蒴果呈球形，种子外被橘红色假种皮，果期 9—10 月。

【分布范围】分布于中国华北、华东、中南、西南各地。

【主要习性】喜温暖，喜湿润，较耐寒，江淮地区可露地越冬，耐阴，不喜阳光直射。

【养护要点】喜欢湿润的气候环境，要求生长环境的空气相对湿度在 70%～80%，空气相对湿度过低，下部叶片黄化、脱落，上部叶片无光泽。

【观赏与应用】扶芳藤生长旺盛，终年常绿，其叶入秋变红，是庭院中常见地面覆盖植物，点缀墙角、山石、老树等，都极为出色，其攀缘能力不强，不适宜做立体绿化。

图 5-27 扶芳藤（形）　　　　　图 5-28 扶芳藤（叶、果）

黄杨 *Buxus sinica*（图 5-29）

【科属】黄杨科，黄杨属

【识别要点】常绿灌木或小乔木，树冠呈圆球形或倒卵形。小枝常四棱，被短茸毛。叶革质，对生，全缘，倒卵形或椭圆形，最宽处在中部或中部以上，先端微凹，深绿色，有光泽。花小，黄绿色，簇生于叶腋或枝端，无花瓣，花期 4—5 月。蒴果呈球形，成熟时 3 裂瓣，果期 7 月。

【分布范围】原产于我国中部，现各地均有栽培。

【变种与品种】黄杨的主要变种有朝鲜黄杨 var.*insularis*，叶厚革质，长椭圆形，长10～15mm，宽 6～8mm，叶面侧脉不明显或稍明显，不凸出，边缘向下强卷曲。

【主要习性】喜温暖气候，稍耐寒，喜半阴，在强阳光处生长，叶多呈现黄色，喜肥沃、湿润、排水良好的土壤，耐旱，萌芽力强，耐修剪，生长慢，对多种有害气体抗性强。

【养护要点】移栽在春季发芽前进行成活率最高，移栽需带土球。黄杨绢野螟是主要虫害，应注意尽早防治。

【观赏与应用】黄杨树姿优美，叶厚有光泽，可用做绿篱及基础种植材料，也是制作盆景的珍贵树种；在园林中，可孤植、丛植于草坪，或列植于路旁，点缀山石都很合适。

图 5-29 黄杨

雀舌黄杨 *Buxus bodinieri*

【科属】黄杨科，黄杨属

【识别要点】常绿灌木，高3～4m，分枝多而密集，成丛，小枝纤细，无毛。叶为倒披针形至狭倒卵形，长2～4cm，先端圆或微凹，有光泽，中脉在两面隆起，叶柄短。花密集成穗状，生于叶腋，花小，绿色，花期4—5月。蒴果呈卵圆形，长约7mm，果期8—9月。

【分布范围】原产于我国长江流域。北京、河北、山东、河南各地常有栽培。

【主要习性】喜阳光充足环境，耐半阴，喜温暖，耐寒性不强，喜湿润气候，耐干旱，喜疏松、肥沃和排水良好的砂壤土，浅根性，萌蘖力强，耐修剪，生长极慢。

【观赏与应用】雀舌黄杨枝叶繁茂，叶形别致，四季常青，植株低矮，耐修剪，是优良的矮绿篱材料，常用于布置模纹图案及花坛，也可盆栽欣赏。

夹竹桃 *Nerium oleander*（图5-30和图5-31）

【科属】夹竹桃科，夹竹桃属

【识别要点】常绿直立大灌木，高达5m，含水液。嫩枝具棱，被微毛，老时脱落。叶3～4枚轮生，枝条下部为对生，窄披针形，长11～15cm，顶端急尖，基部楔形，叶缘反卷，叶面深绿色，无毛，叶背浅绿色。花序顶生；花冠深红色或粉红色，单瓣5枚，喉部具5片撕裂状副花冠，有时重瓣15～18枚，组成3轮，每裂片基部具长圆形而顶端撕裂的鳞片。蓇葖果细长。花期6—10月。

【分布范围】我国长江以南各地区广为栽植，北方各省（区、市）栽培需在温室越冬。

【主要习性】喜光；喜温暖湿润气候，不耐寒；耐旱力强；抗烟尘及有毒气体能力强；对土壤适应性强，碱性土上也能正常生长。性强健，管理粗放，萌蘖性强，病虫害少，生命力强。

【养护要点】繁殖以压条法为主，也可用扦插法，水插尤易生根。

【观赏与应用】夹竹桃植株姿态潇洒，花色艳丽，兼有桃竹之胜，自初夏开花，经秋乃止，有特殊香气，其又适应城市自然条件，是城市绿化的极好树种，常植于公园、庭院、街头、绿地等处；枝叶繁茂、四季常青，也是极好的背景树种；性强健、耐烟尘、抗污染，是工矿区等生长条件较差地区绿化的好树种。植株有毒，可入药，应用时应注意。

图5-30 夹竹桃（形）　　　图5-31 夹竹桃（叶）

海桐（海桐花）*Pittosporum tobira*（图 5-32）

【科属】海桐科，海桐属

【识别要点】常绿灌木或小乔木，高 2～6m。叶多数聚生枝顶，狭倒卵形，长 5～12cm，全缘，顶端钝圆或内凹，基部楔形，边缘常外卷。顶生伞房花序，花白色或淡黄绿色，芳香，花期 5 月。蒴果近球形，有棱角，长达 1.5cm，成熟时 3 瓣裂；种子鲜红色，果期 10 月。

【分布范围】海桐在长江流域及其以南各地庭院常见栽培观赏。

【变种与品种】海桐的主要变种有银边海桐 'Variegatum'，叶片边缘有白斑。

【主要习性】喜光，略耐阴，喜温暖湿润气候，耐寒性不强，华北地区不能露地越冬，对土壤要求不严，萌芽力强，耐修剪，抗海潮风及二氧化硫等有毒气体能力较强。

【养护要点】海桐移植一般在春季 3 月间进行，也可在秋季 10 月前后进行，均需带土球。海桐枝条特别脆，大苗移栽运输过程中注意不要伤枝，以保持优美树形。海桐耐寒性不强，黄河流域以南可露地越冬，黄河以北，多栽植做盆栽，置室内防寒越冬。海桐栽培容易，不需要特别管理。易遭蚧壳虫害，要注意及早防治。

【观赏与应用】海桐枝叶茂密，株形圆整，四季常青，花叶芳香，种子红艳，为著名的观叶、观果植物，是南方城市及庭院常见的绿化观赏树种；通常用做建筑物基础种植及园林中的绿篱、绿带，也可孤植、丛植于草坪边缘、林缘或对植于门旁，列植路边。

图 5-32　海桐

八角金盘 *Fatsia japonica*（图 5-33）

【科属】五加科，八角金盘属

【识别要点】常绿灌木，高达 5m。茎光滑无刺。叶柄长 10～30cm，叶片大，革质，近圆形，掌状 7～9 深裂，裂片呈长椭圆状卵形，先端短渐尖，基部心形，边缘有疏离粗锯齿，上表面暗亮绿色，下面色较浅，有粒状突起，边缘有时呈金黄色。花序聚生为伞形花序，再组成顶生圆锥花序，花序轴被褐色茸毛；花萼近全缘，无毛；花瓣卵状三角形。果近球形，熟时黑色。

【分布范围】原产于日本，我国台湾地区引种栽培，现全世界温暖地区已广泛栽培。

【主要习性】喜阴湿、温暖的气候，不耐干旱，不耐严寒，以排水良好、肥沃的微酸性土壤为宜，中性土壤亦能适应，萌蘖力尚强。

【养护要点】适应性强，极少有病虫害，可以吸收空气中的硫。其对土壤要求不严，在排水良好、透气性好的盆土中就能生长。

【观赏与应用】八角金盘四季常青，叶片硕大，叶形优美，浓绿光亮，是深受欢迎的室内观叶树种，适应室内弱光环境，为宾馆、饭店、写字楼和家庭美化常用的树种；用于布置门厅、窗台、走廊、水池边，或做室内花坛的衬底，叶片又是插花的良好配材；在长江流域以南地区，可露地应用，宜植于庭园、角隅和建筑物背阴处；也可点缀于溪旁、池畔或群植林下、草地边。

图 5-33   八角金盘

枸骨（鸟不宿）*llex cornuta*（图 5-34 至图 5-37）

【科属】冬青科，冬青属

【识别要点】常绿灌木。树皮灰白色，平滑不裂。枝开展而密生，形成阔圆形树冠。叶为硬革质，长方形，顶端扩大并具有 3 个大而尖硬刺齿，叶端向后弯，基部平截，两侧各有一两枚刺齿，叶面深绿色，有光泽，叶背淡绿色。雌雄异株，4—5 月开花，花小，黄绿色，簇生于二年生枝条的叶腋。核果呈球形，果期 10 月，熟时鲜红色。

【分布范围】产于我国长江中下游各省（区、市），多生于山坡谷地灌木丛中，现各地庭院常有栽培。

【变种与品种】偶见无刺枸骨‘Fortunei’，叶缘无刺齿。

【主要习性】适应性强，喜光照充足，亦能耐阴，喜温暖，耐寒性略差，喜排水良好、湿润、肥沃的酸性土壤；在中性及偏碱性土壤中也能生长，萌芽力与萌蘖力均强，耐修剪。

【养护要点】在阴处种植时，红蜡蚧虫危害严重并产生煤污，须注意及早防治。

【观赏与应用】枸骨枝叶稠密，叶形奇特，深绿光亮，四季常青，入秋后密生的红果鲜艳夺目，是观叶、观果俱佳的园林树种；宜做基础种植及岩石园材料，也可孤植于花坛中心，对植于前庭、路口，或丛植于草坪边缘；同时又是很好的绿篱及盆栽材料，选其老桩制作盆景亦饶有风趣；果枝可供瓶插，经久不凋。

图 5-34 枸骨（形）　　　图 5-35 枸骨（叶）　　　图 5-36 无刺枸骨（形）　　　图 5-37 无刺枸骨（叶）

小叶女贞 *Ligustrum quihoui*（图 5-38 和图 5-39）

【科属】木犀科，女贞属

【识别要点】半常绿灌木。枝条铺散，小枝具短茸毛。叶薄革质，长 1.5~4cm，椭圆形至倒卵状长圆形，基部楔形全缘，边缘略向外反卷。圆锥花序长 7~20cm，花白色，芳香，花期 6—8 月。核果近球形，紫黑色，果期 9—11 月。

【分布范围】原产于中国中部、东部和西南部，华北地区也有栽培。

【主要习性】喜光，稍耐阴，较耐寒，华北地区可以露地栽培，对二氧化硫、氯气、氟化氢、氯化氢、二氧化碳等多种有毒气体的抗性强，适应性强，萌芽力强，耐修剪。

【养护要点】移植以春季 2—3 月为宜，秋季亦可，需带土球移植；主要病虫害有叶斑病、吹绵蚧壳虫等，应注意及早防治。

【观赏与应用】小叶女贞株型圆整，庭院中可栽植观赏，萌枝力强，耐修剪，可以做绿篱，对有毒气体抗性强，可用来进行工厂绿化和用做抗污染树种。

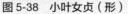

图 5-38 小叶女贞（形）　　　图 5-39 小叶女贞（叶）

金叶女贞 *Ligustrum × vicaryi*（图 5-40 和图 5-41）

【科属】木犀科，女贞属

【识别要点】金叶女贞是由加州金边女贞与欧洲女贞杂交育成的，半常绿灌木，高 2~3m，冠幅 1.5~2m。单叶对生，叶片椭圆形或卵状椭圆形，长 2~5cm，叶色金黄。圆锥花序顶生，花白色，花期 6—7 月。核果呈阔椭圆形，紫黑色。

【分布范围】分布于中国华北地区及长江流域各省（区、市）。

【主要习性】喜光，耐阴性较差，耐寒力中等，对城市土壤环境适应性较强，耐干旱、瘠薄和轻盐碱土；抗污染，对二氧化硫、氯气、氟化氢等多种有毒气体抗性强；萌枝力强；耐修剪。

【养护要点】常见病虫害有褐斑病、轮纹病、煤污病等，应注意及早防治。

【观赏与应用】金叶女贞在生长季节叶色呈鲜丽的金黄色，可与紫叶小檗、黄杨等组成灌木状色块，形成强烈的色彩对比，观赏效果极佳，也可修剪成球形或建造绿篱等。

图 5-40　金叶女贞（形）　　　　　　图 5-41　金叶女贞（叶）

野迎春（南迎春、云南黄馨）*Jasminum mesnyi*（图 5-42 和图 5-43）

【科属】木犀科，茉莉属

【识别要点】小枝无毛，呈四方形，具浅棱。叶对生，小叶 3 枚，为长椭圆状披针形。花单生，淡黄色，具暗色斑点，有香气。花期 3—4 月。

【分布范围】现各地均有栽培，北方常温室盆栽。

【主要习性】喜温暖向阳，要求空气湿润，稍耐阴，畏严寒，在排水良好、肥沃的酸性砂质土壤中生长良好。

【养护要点】枝条有很强的再生力，节部遇到潮湿的土壤很快就能生根，为了不影响株丛整齐，可用竹竿扶持幼树，使其直立向上生长，并摘去基部的芽。

【观赏与应用】云南素馨枝长而柔弱、下垂或攀缘，碧叶黄花，艳丽可爱，最适宜植于堤岸、岩边、台地、阶前边缘；温室盆栽常编扎成各种形状观赏。

图 5-42　野迎春（形）　　　　　　图 5-43　野迎春（叶）

茉莉 *Jasminum sambac*

【科属】木犀科，茉莉属

【识别要点】常绿小灌木或藤本，枝条细长。单叶对生，为椭圆形或卵圆形，全缘，质薄有光泽。花白色，浓香，常 3~9 朵成聚伞花序，顶生或腋生，花期 5—10 月，先后可开 3 次花，7—8 月最盛。

【分布范围】原产于中国江南地区及西部地区，现广泛植栽于亚热带地区。

【变种与品种】

（1）单瓣茉莉，植株较矮小，高 70~90cm，茎枝细小，呈藤蔓型，故有藤本茉莉之称，不耐寒，不耐涝，抗病虫能力弱。

（2）多瓣茉莉，枝条有较明显的疣状突起，叶片浓绿，花紧结，顶部略呈凹口。

【主要习性】喜温暖、湿润，通风良好的半阴环境中生长最好，土壤以含有大量腐殖质的微酸性砂质土壤最为适合。

【养护要点】喜光，耐肥，盆栽必须放在阳光充足处，生长期间为防止黄叶，施足氮肥；孕蕾初期，用 0.2%~0.3% 尿素在傍晚喷洒，对促进花蕾发育有较好的效果。

【观赏与应用】茉莉在我国南方多地均有栽培，布置成花坛或做花篱，盆栽可点缀阳台、窗台和居室。

栀子 *Gardenia jasminoides*（图 5-44 至图 5-47）

【科属】茜草科、栀子属

【识别要点】常绿灌木，小枝为绿色，有毛。单叶对生或轮生，为倒卵形或矩圆状倒卵形，全缘，深绿色，革质，具光泽。花两性，单生枝顶或腋生；花冠较大，白色，具芳香，浆果呈椭圆形。

【分布范围】产于长江流域，我国中部及中南部都有分布，越南与日本也有分布。

【变种与品种】栀子的主要变种如下。

（1）大花栀子 var. *grandiflora*，栽培变种，花大重瓣，不结果。

（2）卵叶栀子 var. *ovalifolia*，叶呈倒卵形，先端圆。

（3）狭叶栀子 var. *angustifolia*，叶狭窄，野生于香港。

（4）斑叶栀子 var. *aureo-variegata*，叶具斑纹。

【主要习性】喜温暖、湿润环境，不甚耐寒，喜光，耐半阴，怕暴晒，喜肥沃、排水良好的酸性土壤，在碱性土栽植时易黄化，萌芽力、萌蘖力均强，耐修剪。

【养护要点】夏季宜放在树阴下有散射光的地方养护，春、夏、初秋经常浇水和叶面喷水，以增加湿度，冬季宜放阳光处，停止施肥，浇水不宜过多。

【观赏与应用】终年常绿，且开花芬芳香郁，是深受大众喜爱、花叶俱佳的观赏树种，可于庭院、池畔、路旁丛植或孤植；也可在绿地中组成色块；开花时，望之如积雪，香闻数里，人行其间，芬芳扑鼻，效果尤佳；也可做花篱栽培。

图 5-44　栀子（形）　　　图 5-45　栀子（叶）　　　图 5-46　狭叶栀子（形）　　　图 5-47　狭叶栀子（叶）

胡颓子 Elaeagnus pungens（图 5-48）

【科属】胡颓子科，胡颓子属

【识别要点】常绿灌木，高 3～4m；小枝有锈色鳞片，刺较少。叶为椭圆形至广椭圆形，长 5～10cm；全缘而常波状皱曲，革质，有光泽，背面银白色并有锈褐色斑点。花银白色，芳香；多单生或 2～3 簇生；花期 9—11 月。果呈椭球形，长约 1.5cm，熟时鲜红色，翌年 5 月成熟。

【分布范围】产于我国长江中下游及其以南各省（区、市），日本也有分布。

【主要习性】喜光，耐半阴，喜温暖气候，对土壤适应性强，耐干旱，也耐水湿，对有害气体的抗性较强，耐修剪。

【观赏与应用】胡颓子红果美丽，可植于庭院观赏，果可食或酿酒；果、根及叶均入药。

图 5-48　胡颓子

山茶花（山茶、茶花）Camellia japonica（图 5-49）

【科属】山茶科，山茶属

【识别要点】常绿灌木或小乔木，高 3～4m；嫩枝无毛。叶为椭圆形或倒卵形，长 5～10cm，表面暗绿而有光泽，革质，缘有细齿。花单生或成对生于叶腋或枝顶，花大，直径达 5～12cm；花有红、白、粉、紫各色；花期 2—4 月。果实为蒴果，果大皮厚，内含一两个或 2 个以上的种子。

【分布范围】原产于日本、朝鲜和中国，我国东部及中部栽培较多。

【主要习性】喜半阴，忌烈日暴晒，喜温暖湿润的气候，有一定的耐寒能力，一般

品种能耐 –10℃的低温，生长适温为 18～25℃；喜肥沃、湿润而排水良好的微酸性土壤，pH 以 5.5～6.5 为佳。

【养护要点】根系脆弱，移栽时注意要不伤根系，栽培种植在秋季或春季进行；盆栽山茶，每年春季花后或 9—10 月换盆，剪去徒长枝或枯枝，换上肥沃的腐叶土。山茶喜湿润，但土壤不宜过湿，特别盆栽，盆土过湿易引起烂根；相反，灌溉不透，过于干燥，叶片发生卷曲，也会影响花蕾发育。

【观赏与应用】山茶花为中国的传统园林花木，植株形态优美，叶色翠绿，花大，色彩鲜艳；园林中可丛植、片植，在我国北方常温室盆栽观赏。

图 5-49 山茶

茶 Camellia sinensis（图 5-50）

【科属】山茶科，山茶属

【识别要点】灌木或乔木，高可达 15m，但通常呈丛生灌木状。叶革质，长椭圆形，长 4～8cm，叶端渐尖或微凹，基部楔形，叶缘有锯齿，叶脉明显，有时背面稍有毛；叶柄长 2～5mm。花白色，直径 2.5～3cm，芳香，1～4 朵腋生；花梗长 6～10mm，下弯；萼 5～7 片，宿存；花 5～9 瓣。蒴果扁球形，直径约 2.5cm，熟时 3 裂；种子棕褐色。花期 10 月，果至次年 10 月末成熟。

【分布范围】原产中国，北自山东南至海南岛均有栽培，而以浙江、湖南、安徽、四川、台湾为主要产区。日本、印度、尼泊尔、非洲等地均有引种栽培。

【主要习性】喜温暖湿润气候，大抵在年均温为 15～25℃的地区，但亦能耐 –6℃以及短期的 –16℃以下的低温，在气温超过 35℃时就会出现灼伤现象；年降水量以达 1000mm 以上为宜。性喜光，略耐阴。喜酸性土壤，pH 在 4～6.5 为宜；喜深厚肥沃排水良好的土壤。在盐碱土上不能生长。茶为深根性树种，主根可深达 4m。茶树生长慢但寿命长可达百年，如管理良好则可采茶数十年。茶树的萌芽更新复壮能力很强，对老株施行重剪，较易达到复壮目的。

【养护要点】在培养灌木型茶树时，一般需经 3 次整形修剪，以后注意秋末冬初施基肥，春季发芽后在冬季采叶前施追肥即可生长良好。在采叶时应注意要及时，以免芽叶变老影响茶叶质量，同时注意应留 1～2 片真叶以维持树势。

【观赏与应用】茶花色白而芳香，在园林中可做绿篱用既有观赏价值又有经济收入。茶叶可制茶，喝茶有助于消化，好处颇多；茶籽可榨油；根可入药，治肝炎、心脏病及扁桃体炎等症。

图 5-50 茶

油茶 *Camellia oleifera*（图 5-51）

【科属】山茶科，山茶属

【识别要点】常绿灌木或小乔木，高达 7~8m。冬芽鳞片有黄色长毛，嫩枝略有毛。叶卵状椭圆形，长 3.5~9cm，叶缘有锯齿；叶柄长 4~7mm，有毛。花白色，直径 3~6cm，1~3 朵腋生或顶生，无花梗；萼片多数，脱落；花 5~7 瓣，顶端 2 裂；雄蕊多数，外轮花丝仅基部合生；子房密生白色丝状绒毛。蒴果直径约 2~3cm，果瓣厚木质，两三裂；种子 1~3 粒，黑褐色，有棱角。花期 10—12 月，果次年 9—10 月成熟。

【分布范围】主要分布于长江流域及其以南各地。北界为河南南部，南界可达海南岛。

【主要习性】喜温暖湿润气候，性喜光，幼年期较耐阴。对土壤要求不严，较耐瘠薄土壤，但以深厚、排水良好的砂质土壤为最宜。喜酸性土，pH 在 4.5~6 均能生长良好，不耐盐碱土。油茶属深根性树种，主根发达，常深达 1.5m 以下，各侧根均为扩散型，没有明显的水平须根密集层。生长缓慢，但萌蘖性较强，易于更新。油茶寿命亦较长，盛果期可达 80 年，至百年以后始逐渐衰老，但土壤气候条件优良处，虽超过百龄，仍可开花繁茂。

【养护要点】油茶定植后，为保持树冠均整有利于丰产，可在采果后至春梢萌发前进行修剪，因此时营养物质多累积在根部，又因为这时湿度小、气温低，可减少病菌侵入伤口的机会。油茶有春梢、夏梢和秋梢，因为绝大部分花芽是在春梢上分化的，而且是在枝顶开花结果，故除了为培养树形外，一般的修剪原则是以疏删为主而避免短剪。在管理上应注意锄草和施肥、修剪等工作。在植株衰老后可实行萌芽更新法使之复壮，萌芽条约经 3~4 年即可开花结实。

【观赏与应用】叶常绿，花色纯白，能营造幽静素雅的气氛，可在园林中丛植或做花篱；在大面积的风景区中，还可结合生产进行栽培，又为防火带的优良树种。此外，油茶种子的含油率达 25%～33.5%，种仁含油率可高达 52.5%，是重要的木本油料树种。

图 5-51　油茶

厚皮香 *Ternstroemia gymnanthera*（图 5-52）

【科属】山茶科，厚皮香属

【识别要点】常绿灌木或乔木，高 3～8m。叶革质，倒卵状椭圆形，长 5～10cm，叶端钝尖，叶基渐窄而下延，叶表中脉显著下凹，侧脉不明显。花淡黄色，直径约 2cm。果球形，直径约 1.5cm，花柱及萼片均宿存。花期 7—8 月。

【分布范围】分布于湖北、湖南、贵州、云南、广西、福建、广东、台湾等地。日本、柬埔寨、印度也有分布。

【主要习性】性喜湿热湿润气候，不耐寒；喜光也较耐阴；在自然界多生于海拔 700～3500m 的酸性土山坡及林地。

【观赏与应用】厚皮香树冠整齐，枝平展成层，叶厚光亮，姿态优美，常丛植庭园观赏用，或配置门厅两侧、道路角隅、草坪边缘。在林缘、树丛下成片种植。种子可榨油供工业制润滑油及肥皂用；树皮可提栲胶。

图 5-52　厚皮香

十大功劳 Mahonia fortunei（图 5-53）

【科属】小檗科，十大功劳属

【识别要点】常绿灌木，高达 2m，全体无毛。小叶 5~9 枚，狭披针形，长 8~12cm，革质而有光泽，缘有刺齿 6~13 对，小叶均无叶柄，花黄色，总状花序 4~8 条簇生。浆果近球形，蓝黑色，被白粉。

【分布范围】四川、湖北、浙江等地。

【主要习性】耐阴，喜温暖气候及肥沃、湿润、排水良好之土壤，耐寒性不强。

【养护要点】移栽最好在 4—5 月或 10 月进行。

【观赏与应用】十大功劳枝干酷似南天竹，叶形秀丽，黄花似锦，果实成熟后呈蓝紫色，与白粉墙颇为调和，适宜丛植于房屋后或栽于假山一侧，也可做园林围墙的基础种植，还可盆栽置于门厅入口处、会议室、招待所等，增添清幽可爱之感。此外，全株具药用价值，有清凉、解毒、强壮之用。

图 5-53　十大功劳

阔叶十大功劳 Mahonia bealei（图 5-54）

【科属】小檗科，十大功劳属

【识别要点】常绿灌木，高达 4m。小叶 9~15 枚，卵形至卵状椭圆形，长 5~12cm，叶缘反卷，每边有大刺齿 2~5 个，侧生小叶基部歪斜，表面绿色有光泽，背面有白粉，坚硬革质。花黄色，有香气，总状花序直立，6~9 条簇生。浆果卵形，蓝黑色；花期 4—5 月；果 9—10 月成熟。

【分布范围】产于陕西、河南、安徽、浙江、江西、福建、湖北、四川、贵州、广东等地，多生于山坡及灌丛中。

【主要习性】性强健，耐阴，喜温暖气候。

【观赏与应用】阔叶十大功劳的枝干曲雅、叶形奇异，黄花成簇，果实暗蓝色，野趣盎然，是一种叶、花、果俱佳的观赏植物。可点缀于草坪，或丛植于公园、庭院的建筑、水榭、窗前等处，或与假山石搭配，也颇具韵味，还可做刺篱，在园林中应用广泛。

此外，全株可入药，有清热解毒、消肿、止泻之效。

图 5-54 阔叶十大功劳

洒金桃叶珊瑚（花叶青木）*Aucuba japonica* var. *variegata*（图 5-55）

【科属】山茱萸科，桃叶珊瑚属

【识别要点】常绿灌木，植株常高 1~1.5m；小枝绿色，粗壮，无毛。叶革质，对生，长卵形或广披针形，近基部全缘，余为疏锯齿缘，叶面有大小不等的黄色或淡黄色斑点。圆锥花序，果鲜红色，艳丽美观。花期 4 月，果实 12 月成熟。

【分布范围】分布于我国南方各省（区、市）。

【主要习性】性喜温暖气候，能耐半阴，喜湿润空气。耐修剪，生长势强，病虫害极少，对烟害的抗性很强。

【观赏与应用】最宜做林下配植用。冬季寒冷地区可盆栽观叶。

图 5-55 花叶青木

项目 6　藤本与竹类植物的识别与应用

藤本植物是指自身不能直立生长，必须依附他物而向上攀缘的树种，也称为攀缘植物。竹类植物为常绿性，有乔木、灌木，也有少量藤本。根据园林绿化工作实践，以实用为目的，本项目将藤本与竹类植物的识别与应用设计为三个任务，包括藤本与竹类植物的识别、藤本与竹类植物的园林应用调查、藤本与竹类植物树种优化方案的制订。

知识目标

（1）掌握常见藤本和竹类植物的识别要点。
（2）掌握常见藤本和竹类植物的观赏特性和园林应用特点。
（3）熟悉藤本和竹类植物的生态习性和养护要点。

能力目标

（1）能够识别常见藤本和竹类植物 20 种以上。
（2）能够根据藤本和竹类植物的观赏特点、植物文化和生态习性合理地应用。
（3）能够根据具体绿地性质进行合理配置。

素质目标

（1）提升对园林植物景观的艺术审美能力。
（2）培养分析问题、解决问题的能力。
（3）提升小组分工合作、沟通交流的能力。

任务 6.1　藤本与竹类植物的识别

学习任务

调查所在校园或居住区、城市公园等环境内的藤本和竹类植物种类（不少于 20 种），调查内容包括调查地点藤本和竹类植物树种名录、主要识别特征等，完成藤本和竹类植物树种识别调查报告。

任务分析

该任务要求学生在掌握常见藤本和竹类植物的识别特征的前提下，通过实地调研完成调研报告。

任务实施

材料用具： 植物检索工具书、形色、花伴侣等识别软件、相机、记录本、笔。

实施过程：

（1）调查准备：学习相关理论知识，确定调查对象，制订调查方案。

（2）实地调研：教师现场讲解，指导学生识别。学生分组活动，调查绿地内藤本和竹类植物的种类，记录每种树木的名称、科属、典型识别特征，拍摄树木整体形态和局部细节图片。

（3）整理调查记录表和图片，完成调查报告及 PPT。

（4）组间交流讨论，指导教师点评总结。

任务完成

完成调研分析报告（Word 及 PPT 版），并填写表 6-1。

表 6-1　藤本与竹类植物种类统计表

序号	树种名称	拉丁学名	典型识别特征	备注
1				
2				
3				
4				
⋮				

任务评价

考核内容及评分标准见表 6-2。

表 6-2　评分标准

序号	评价内容	评价标准	满分	说　明	自评得分	师评得分	互评得分	平均分
1	树种调查	调查过程是否认真	10	①调查态度认真得 9～10 分；②调查态度一般得 6～8 分；③调查敷衍或未调查得 0～5 分				
2	调查报告	完成态度，分析是否全面、准确	70	①报告中包含 20 种以上藤本和竹类植物，对树种识别特征描述全面、准确，图文并茂，图片包含整体树形和局部细节图，得 61～70 分；②基本能识别 20 种左右藤本和竹类植物，树种识别特征描述基本准确，但调研报告完成态度敷衍，拍摄图片无法体现典型识别特征为 51～60 分；③报告中藤本和竹类植物种类远小于 20 种，树种识别特征描述错误较多为 50 分以下				
3	结果汇报	PPT 制作是否精美，汇报语言是否流利，仪态是否大方、自信	10	① PPT 制作精美，汇报语言流利，仪态大方、自信 9～10 分；② PPT 内容完整，汇报基本完成得 6～8 分；③ PPT 制作敷衍，内容不完整，汇报语言不流利得 0～5 分				
4	小组合作	组内分工是否合理，成员配合默契程度	10	①组员分工明确、配合默契得 9～10 分；②组员分工基本合理，配合一般得 6～8 分；③组员未分工，互相推诿得 0～5 分				

任务 6.2　藤本与竹类植物的园林应用调查

学习任务

　　调查所在校园或居住区、城市公园等环境内的藤本和竹类植物的园林应用形式和观赏特征，完成藤本和竹类植物园林应用调查报告。

任务分析

　　该任务要求学生在掌握常见藤本和竹类植物的园林应用形式及观赏特征的前提下，

通过实地调研完成调研报告。

任务实施

材料用具： 相机、记录本、笔。

实施过程：

（1）调查准备：学习相关理论知识，确定调查对象，制订调查方案。

（2）实地调研：分组调查绿地内藤本和竹类植物的主要观赏部位、观赏特征以及园林应用形式，拍摄图片，及时记录。

（3）整理调查记录表和图片。

（4）对调查结果进行分析，完成调查报告及 PPT。

（5）组间交流讨论，指导教师点评总结。

任务完成

完成调研分析报告（Word 及 PPT 版），绘制现有树种分布草图，并填写表 6-3。

表 6-3　藤本与竹类植物种类统计表

序号	树种名称	主要观赏部位及特征	园林应用形式	备注
1				
2				
3				
4				
⋮				

任务评价

考核内容及评分标准见表 6-4。

表 6-4　评分标准

序号	评价内容	评价标准	满分	说　明	自评得分	师评得分	互评得分	平均分
1	树种调查	调查过程是否认真	10	①调查态度认真得 9~10 分；②调查态度一般得 6~8 分；③调查敷衍或未调查得 0~5 分				

续表

序号	评价内容	评价标准	满分	说　　明	自评得分	师评得分	互评得分	平均分
2	调查报告	完成态度，分析是否全面、准确	70	①调查报告完成态度认真，对观赏特征、园林应用形式分析全面、准确，图文并茂得61~70分；②调查报告完成态度一般，对观赏特征、园林应用形式分析基本准确为51~60分；③调查报告完成态度敷衍，对观赏特征、园林应用形式分析片面、不准确，图文不符得50分以下				
3	结果汇报	PPT制作是否精美，汇报语言是否流利，仪态是否大方、自信	10	①PPT制作精美，汇报语言流利，仪态大方、自信9~10分；②PPT内容完整，汇报基本完成得6~8分；③PPT制作敷衍，内容不完整，汇报语言不流利得0~5分				
4	小组合作	组内分工是否合理，成员配合默契程度	10	①组员分工明确、配合默契得9~10分；②组员分工基本合理，配合一般得6~8分；③组员未分工，互相推诿得0~5分				

任务 6.3　藤本与竹类植物树种优化方案的制订

学习任务

对校园或居住区、城市公园进行绿化提升与树种优化，重点掌握如何合理选择藤本和竹类植物以丰富城市植物景观。

任务分析

本任务要从了解场地环境特点、自然条件和树种选择要求开始，深入调查和研究能够适合场地环境应用特色的藤本和竹类植物种类，制订藤本和竹类植物树种优化方案。树种选择应突出藤本和竹类植物观赏特征以及与绿化环境的适应性。

任务实施

材料用具： 相机、记录本、笔。

实施过程：

（1）调查准备：确定学习任务小组分工，明确任务，制订任务计划；整理校园或居住区、城市公园自然条件的相关资料。

（2）实地调研：调查校园或居住区、城市公园内的藤本和竹类植物生长环境及园林景观效果。

（3）根据调研结果，分析校园或居住区、城市公园内的藤本和竹类植物生长环境是否符合其生态习性要求，藤本和竹类植物观赏特性的应用是否合理，对应用不合理的藤本和竹类植物提出替代树种，从而制订藤本和竹类植物树种优化方案。

（4）完成调研报告及 PPT。

（5）组间交流讨论，指导教师点评总结。

任务完成

（1）完成调研报告：藤本和竹类植物树种优化方案（Word 版）。

（2）制作 PPT 并进行方案汇报。

任务评价

考核内容及评分标准见表 6-5。

表 6-5　评分标准

序号	评价内容	评价标准	满分	说　明	自评得分	师评得分	互评得分	平均分
1	场地调研	调查过程是否认真	10	①调查态度认真得 9～10 分；②调查态度一般得 6～8 分；③调查敷衍或未调查得 0～5 分				
2	调查报告	完成态度，分析是否全面、准确	40	①调查报告完成态度认真，对藤本和竹类植物应用情况分析全面、准确，图文并茂得 31～40 分；②调查报告完成态度一般，对藤本和竹类植物应用情况分析基本准确为 21～30 分；③调查报告完成态度敷衍，对藤本和竹类植物应用情况分析片面、不准确，图文不符得 20 分以下				

续表

序号	评价内容	评价标准	满分	说　明	自评得分	师评得分	互评得分	平均分
2	调查报告	藤本和竹类植物树种优化是否合理	30	①藤本和竹类植物选择符合当地生态条件要求，观赏特性应用合理，景观效果好得 21～30 分；②藤本和竹类植物选择基本符合当地生态条件，但景观效果较差得 11～20 分；③藤本和竹类植物树种选择不符合当地生态条件要求得 10 分以下				
3	结果汇报	PPT 制作是否精美，汇报语言是否流利，仪态是否大方、自信	10	① PPT 制作精美，汇报语言流利，仪态大方、自信得 9～10 分；② PPT 内容完整，汇报基本完成得 6～8 分；③ PPT 制作敷衍，内容不完整，汇报语言不流利得 0～5 分				
4	小组合作	组内分工是否合理，成员配合默契程度	10	①组员分工明确、配合默契得 9～10 分；②组员分工基本合理，配合一般得 6～8 分；③组员未分工，互相推诿得 0～5 分				

理论认知

紫藤 *Wisteria sinensis*（图 6-1 至图 6-3）

【科属】蝶形花科，紫藤属

【识别要点】落叶缠绕性藤本，茎达 30m。茎枝左旋，小枝被茸毛。无顶芽，侧芽单生，紧贴小枝，芽鳞 2～3 片。奇数羽状叶互生，小叶 7～13 枚，卵状长椭圆形，全缘。总状花序下垂，花序、花梗均被白色茸毛，花期 4—6 月，果期 9—10 月。

【分布范围】紫藤原产于中国，朝鲜、日本亦有分布。

【主要习性】喜光，对气候、土壤适应性强，以深厚、肥沃、排水良好的土壤为佳，主根深，侧根少，不耐移植，对二氧化硫、氯化氢和氯气等有害气体抗性强，生长快，寿命长。

【养护要点】紫藤以湿润、肥沃、排水良好的土壤为宜，略耐阴，喜光，喜温暖，也耐寒，在中国大部分地区均可露地越冬。

【观赏与应用】紫藤为著名的观花藤本树种，园林中常用做棚架、篱垣、凉亭、枯树、灯柱及山石的垂直绿化材料，或修剪成灌木状点缀于湖边、池畔；孤植于草坪、林缘、坡地别有风姿，也用于工矿区绿化，或栽植做树桩盆景，花枝还可做插花材料。

图 6-1　紫藤（茎）　　　　图 6-2　紫藤（叶）　　　　图 6-3　紫藤（花）

凌霄（大花凌霄）*Campsis grandiflora*（图 6-4 和图 6-5）

【科属】紫葳科，凌霄属

【识别要点】落叶藤本，茎长达 10m，借气生根攀缘。无顶芽，侧芽单生，芽鳞 2～3 对。奇数羽状叶对生，小叶 7～9 枚，卵形或卵状披针形，叶缘疏生 7～8 粗齿，两面无毛。顶生疏散的短圆锥花序，花冠唇状漏斗形，鲜红色，茎 6～8m，萼 1～2 个。蒴果细长。花期 7—8 月，果期 10 月。

【分布范围】分布于我国长江流域中下游地区。南起海南，北达北京、河北均有栽培。

【主要习性】喜光，较耐阴，喜温湿气候，耐寒性较差，适于背风向阳、排水良好的砂壤土上生长，耐干旱，不耐积水，萌芽、萌蘖力强。

【养护要点】不耐积水，栽培时应注意排水；花粉有毒，会伤眼睛，需注意。

【观赏与应用】凌霄的花色鲜艳，花期长，是夏秋主要的观花棚架树种之一；可搭棚架、做花门，攀缘于老树、假山石壁、墙垣等处，还可做桩景。

图 6-4　凌霄（形）　　　　　　图 6-5　凌霄（叶）

爬山虎（地锦）*Parthenocissus tricuspidata*（图6-6和图6-7）

【科属】葡萄科，爬山虎属

【识别要点】多年生落叶木质藤本树种。茎长达15m，借卷须分枝顶端的黏性吸盘攀缘。没有顶芽，侧芽单生，芽鳞2～4片。单叶互生，广卵形，常三裂，基部心形，边缘粗锯齿，幼苗或营养枝上的叶常全裂成3片小叶。聚伞花序生于短枝上，花小，黄绿色，被白粉。花期6月，果期10月。

【分布范围】原产于亚洲东部、喜马拉雅山区及北美洲，后引入其他地区，朝鲜、日本也有分布。我国辽宁、河北、湖北、广西、云南、福建等省（区、市）都有分布。

【变种与品种】爬山虎的主要变种有异叶爬山虎 *P. heterophyllus*、五叶地锦（美国地锦）*P. quinquefolia* 等。

【主要习性】喜潮湿，在强光下也能旺盛生长，对土壤及气候适应能力很强，耐寒冷，耐干旱，对氯气抗性强。

【养护要点】主要虫害有蚜虫，应注意及早防治。

【观赏与应用】攀缘力强，生长迅速，短期内可见绿化效果，秋叶红色或橙红色；夏季枝叶茂密，常攀缘在墙壁或岩石上，适于配植宅院墙壁、围墙、庭院入口及桥头等处；还可用于工矿区及居民区绿化，也可做地被栽培。

图6-6　爬山虎（形）　　　　　　图6-7　爬山虎（叶）

五叶地锦（美国地锦、五叶爬山虎）*Parthenocissus quinquefolia*

【科属】葡萄科，爬山虎属

【识别要点】落叶木质藤本。老枝灰褐色，幼枝带紫红色，髓白色。卷须与叶对生，顶端吸盘大。掌状复叶，具五小叶，小叶为长椭圆形至倒长卵形，先端尖，基部楔形，缘具大齿牙，叶面暗绿色，叶背稍具白粉并有毛。聚伞花序集成圆锥状，花期7—8月，浆果近球形，果期9—10月，成熟时蓝黑色，具白粉。

【分布范围】原产于美国东部，我国有大量栽培。

【主要习性】喜温暖气候，也有一定耐寒能力，也耐暑热，较耐阴，生长势旺盛，但攀缘力较差，在北方常被大风刮下。

【养护要点】主要病害有煤污病等，主要虫害有蚜虫、蟒象等，应注意及早防治。

【观赏与应用】五叶地锦生长健壮、迅速，适应性强，春夏碧绿可人，入秋后红叶可观，是庭园墙面绿化的主要材料。五叶地锦为理想垂直绿化树种，可覆盖墙面、山石，入秋后叶子变红，给庭院、假山、建筑增添色彩。

金银花（忍冬）*Lonicera japonica*（图 6-8 和图 6-9）

【科属】忍冬科，忍冬属

【识别要点】半常绿藤本。幼枝红褐色，密被黄褐色、开展的硬直糙毛、腺毛和短茸毛，下部常无毛。叶纸质，卵形至矩圆状卵形，有的为卵状披针形，叶柄 4～8mm，密被短茸毛。总花梗通常单生于小枝上部叶腋，与叶柄等长或稍短，两面均有短茸毛或有时近无毛；花冠白色，花期 4—6 月，果期 10—11 月。

【分布范围】除黑龙江、内蒙古、宁夏、新疆、海南和西藏无自然生长外，全国各省（区、市）均有分布。

【变种与品种】金银花的主要变种有淡红忍冬 *Lonicera acuminata*、无毛淡红忍冬 *Lonicera acuminata* var. *depilata* 等。

【主要习性】金银花喜温润气候，喜阳光充足，耐寒，耐旱，耐涝，适宜生长的温度为 20～30℃，对土壤要求不严，耐盐碱，以土层深厚、疏松的腐殖土栽培为宜。

【养护要点】金银花每年春季 2—3 月和秋后封冻前，要进行松土、培土工作；每次采花后追肥 1 次，以尿素为主，以增加采花次数；合理修剪整形是提高金银花产量的有效措施。

【观赏与应用】金银花花色清香鲜艳，在园林中通常用做棚架、篱垣、绿廊、凉亭、枯树及山石的垂直绿化材料，或者点缀于湖边、池畔，孤植于草坪、林缘、坡地别有风姿，也可与庭院树种配植。

图 6-8　金银花（形）

图 6-9　金银花（叶）

常春藤（中华常春藤）*Hedera nepalensis var. sinensis*

【科属】五加科、常春藤属

【识别要点】常绿藤本，长可达 20～30m。茎借气生根攀援；嫩枝上柔毛鳞片状。营养枝上的叶为三角状卵形，全缘或 3 裂；花果枝上的叶椭圆状卵形或卵状披针形，全缘，叶柄细长。伞形花序单生或 2～7 顶生；花淡绿白色，芳香。果球形，径约 1cm，熟时红色或黄色。花期 8—9 月。

【分布范围】分布于华中、华南、西南及甘、陕等地。

【主要习性】性极耐阴，有一定耐寒性；对土壤和水分要求不严，但以中性或酸性土壤为好。

【养护要点】通常用扦插或压条法繁殖，极易生根。栽培管理简易。

【观赏与应用】常春藤在庭院中可用以攀缘假山、岩石，或在建筑阴面做垂直绿化材料；在华北宜选小气候良好的稍阴环境中栽植，也可盆栽供室内绿化观赏用。

洋常春藤 *Hedera helix*（图 6-10 和图 6-11）

【科属】五加科、常春藤属

【识别要点】常绿藤本；借气生根攀援。幼枝上柔毛星状。营养枝上的叶 3～5 浅裂；花果枝上的叶无裂而为卵状菱形。果球形，直径约 6mm，熟时黑色。

【分布范围】原产欧洲至高加索。

【主要习性】习性与常春藤相似。

【养护要点】繁殖、栽培等均与常春藤相似。

【观赏与应用】国内盆栽甚普遍，并有斑叶金边、银边等观赏变种，是室内及窗台绿化的好材料。也可植于庭园做垂直绿化及荫处地被植物。

图 6-10 洋常春藤　　　　　　　　　图 6-11 洋常春藤（叶）

络石 *Trachelospermum jasminoides*（图 6-12 至图 6-14）

【科属】夹竹桃科，络石属

【识别要点】常绿藤本，常攀缘在树木、岩石墙垣上生长。枝蔓长 2～10m，有乳汁。老枝光滑，节部常生发气生根，幼枝上有茸毛。单叶对生，椭圆形至阔披针形，长 2.5～6cm，先端尖，革质，叶面光滑，叶背有毛，叶柄很短。初夏 5 月开白色花，花冠高脚碟状，5 裂，芳香。聚伞花序腋生，具长总梗，有花 9～15 朵，花萼极小，筒状，花瓣 5 枚，白色。花期 6—7 月。

【分布范围】络石原产于我国华北以南各地，在我国中部和南部地区的园林中栽培较为普遍。

【变种与品种】络石的主要变种有花叶络石 *Trachelospermum jasminoides* 'Flame'、紫花络石 *Trachelospermum axillare* 等。

【主要习性】络石喜温润的气候，怕北方狂风烈日，具有一定的耐寒力，在华北南部可露地越冬，对土壤要求不严，但以疏松、肥沃、湿润的壤土栽培表现较好。

【养护要点】线虫是络石的主要虫害，应注意及时防治。

【观赏与应用】络石叶色浓绿，入秋变为红色，是优美的垂直绿化和地被树种材料。适于小型花架、陡坡、岩石等处栽培，可攀附于树干、建筑物、墙垣之侧。

图 6-12 络石（形）　　　　图 6-13 络石（叶）　　　　图 6-14 络石（花）

木通 *Akebia quinata*（图 6-15）

【科属】木通科，木通属

【识别要点】落叶藤本，长约 9m，全体无毛。掌状复叶，小叶 5 枚，倒卵形或椭圆形，先端钝或微凹，全缘，花淡紫色，芳香，雌花径 2.5～3cm，雄花径 1.2～1.6cm。果熟时紫色，长椭圆形，长 6～8cm；种子多数。花期 4 月，果 10 月成熟。

【分布范围】广布于长江流域、华南及东南沿海各地，北至河南、陕西。朝鲜、日本亦有分布。

【主要习性】稍耐阴，喜温暖气候及湿润而排水良好的土壤，通常见于山坡疏林或水田畦畔。

【养护要点】一旦出现花枝，常于同枝上连年开花，修剪时应注意保留。

【观赏与应用】花、叶秀美可观，是良好的垂直绿化材料，无论是令其缠绕树木，抑或是点缀山石都较合适，也可用做园林篱垣、花架绿化、盆栽桩景材料。此外，果实味甜可食或酿酒，果及藤亦有一定药用价值。

图 6-15　木通

箬竹 *Indocalamus tessellatus*（图 6-16 和图 6-17）

【科属】禾本科，箬竹属

【识别要点】小型竹，秆较低矮，高达 2m。秆茎与枝条相仿。地下茎为复轴形，有横走之鞭，节间长约 25cm，中空较小。叶片为披针形，叶可达 45cm，宽可超过 10cm，下面散生银色短茸毛，在中脉一侧生有一行毡毛。叶缘生有细锯齿。圆锥花序（未成熟者）长 10~14cm，花序主轴和分枝均密被棕色短茸毛；小穗绿色带紫，长 2.3~2.5cm，呈圆柱形，含 5~6 朵小花，纸质，花药长约 1.3mm，黄色；子房和鳞被未见。笋期 4—5 月，花期 6—7 月。

【分布范围】原产于中国，分布于华东、华中地区及陕西南部的汉江流域，山东南部也有栽培。

【主要习性】阳性竹类，喜温暖、湿润的气候，宜生长疏松、排水良好的酸性土壤，耐寒性较差，喜在低山谷间和河岸生长。

【观赏与应用】箬竹适宜种植于林缘、水滨，可点缀山石，也可做绿篱或地被，其植株可做园林绿化。

图 6-16　箬竹（形）

图 6-17　箬竹（叶）

阔叶箬竹 *Indocalamus latifolius*（图 6-18）

【科属】禾本科，箬竹属

【识别要点】秆高约 1m，下部直径 5~8mm，节间长 5~20cm，微有毛。秆箨宿存，质坚硬，背部常有粗糙的棕紫色小刺毛，边缘内卷；箨舌截平，鞘口顶端有长 1~3mm 流苏状缘毛；箨叶小。每小枝具叶 1~3 片，叶片长椭圆形，长 10~40cm，表面无毛，背面灰白色，略生微毛，小横脉明显，边缘粗糙或一边近平滑。圆锥花序基部常为叶鞘包被，花序分枝与主轴均密生微毛，小穗有 5~9 小花。颖果成熟后古铜色。

【分布范围】原产中国华东、华中等地。多生于低山、丘陵向阳山坡和河岸。

【主要习性】阔叶箬竹喜阳光充足、温暖、湿润的环境，较耐寒，耐旱，耐半阴，不择土壤，在轻度盐碱土中能正常生长。

【观赏与应用】阔叶箬竹植株低矮，叶宽大，在园林中栽植观赏或做地被绿化材料，也可植于河边护岸。秆可制笔管、竹筷，叶可制斗笠、船篷等防雨用品。

图 6-18 阔叶箬竹

孝顺竹 *Bambusa multiplex*（图 6-19 和图 6-20）

【科属】禾本科，簕竹属

【识别要点】秆高 2~7m，径 1~3cm，绿色，老时变黄色。箨鞘硬脆，厚纸质，无毛；箨耳缺或不明显；箨舌甚不显著；箨叶直立，三角形或长三角形。每小枝有叶 5~9 枚，排成 2 列状；叶鞘无毛；叶耳不显；叶舌截平；叶片线状披针形或披针形，长 4~14cm，质薄，表面深绿色，背面粉白色。笋期 6—9 月。

【分布范围】原产中国、东南亚及日本，我国华南、西南直至长江流域各地都有分布。

【变种与品种】

（1）变种凤尾竹 var. *nana*，比原种矮小，高 1~2m，径不超过 1cm。枝叶稠密、纤细而下弯，每小枝有叶 10 余枚，羽状排列，叶片长 2~5cm。长江流域以南各地常植于庭园观赏或盆栽。

（2）变型花孝顺竹 f. *alphonsekarri*，秆金黄色，夹有显著绿色之纵条纹。常盆栽或栽植于庭园观赏。

【主要习性】孝顺竹性喜温暖湿润气候及排水良好、湿润的土壤，是丛生竹类中分布最广、适应性最强的竹种之一，可以引种北移。

【观赏与应用】植丛秀美，多栽培于庭园供观赏，或种植宅旁做绿篱用，也常在湖边、河岸栽植。其变种凤尾竹适于在庭院中墙隅、屋角、门旁配植，较小的凤尾竹可栽植于花台上或制作竹类盆景，在南方地区也常作为低矮绿篱的配植材料广泛应用。

图 6-19　凤尾竹（形）　　　　　　　　　　图 6-20　凤尾竹（叶）

棕竹 *Rhapis excelsa*（图 6-21）

【科属】棕榈科，棕竹属

【识别要点】茎呈圆柱形，直立，有节，茎纤细如手指，不分枝，有叶节，包有褐色网状粗纤维质叶鞘。掌状深裂，有裂片 5～12 枚，呈条状披针形，顶端阔，有不规则齿缺，横脉多而明显。叶柄细长，扁圆。肉穗花序生于叶腋，花小，淡黄色，花期 4—5 月。

【分布范围】棕竹在我国北方地区多温室盆栽，华南及西南部分地区可露地丛栽。云南文山壮族苗族自治州有较多野生种，罗平、师宗也有野生种分布。

【变种与品种】棕竹的主要变种如下。

（1）花叶棕竹 *R. excelsa* var. *variegata*，叶片上有宽窄不等的乳黄色及白色条纹。

（2）矮棕竹 *R. humilis*，别名棕榈竹，叶裂片达 10～20 枚，原产于我国西南和华南地区。

（3）细棕竹 *R. gracilis*，叶裂片 2～4 枚，端部尖细，有咬切状齿缺，原产于海南。

【主要习性】喜温暖、湿润及通风良好的半阴环境，不耐积水，极耐阴，要求疏松、肥沃的酸性土壤，不耐瘠薄和盐碱，要求较高的土壤湿度和空气温度。

【养护要点】忌烈日直射，盆土以湿润为宜，忌积水，秋冬季节适当减少浇水量；空气干燥时，要经常喷水保持环境有较高的湿度。

【观赏与应用】棕竹的株型秀美挺拔，枝叶繁密，四季常绿，可谓观叶植物中的上品；幼苗期可用于家庭点缀，适合布置客厅、走廊和楼梯拐角，富有热带韵味；大型盆栽适宜会议、宾馆和公共场所的厅堂、客室布置；园林中丛栽效果好，温暖地区配植于庭院、廊隅均宜；还可剥去树干纤维制作手杖等工艺品。

图 6-21　棕竹

佛肚竹（罗汉竹）*Bambusa ventricosa*

【科属】禾本科，簕竹属

【识别要点】茎秆基部及中部均为畸形，节较短，两节间膨大如瓶，形似佛肚。秆幼时深绿色，老后橄榄黄色。叶片为卵状披针形至长矩圆披针形，背具微毛。

【分布范围】原产于我国华南，现在各地多有栽培。

【主要习性】喜温暖湿润，喜阳光，不耐旱，也不耐寒，宜在肥沃疏松的砂壤土中生长。

【养护要点】要注意保持土壤湿润，但不能太湿，气候干燥时，应经常向叶面喷水。

【观赏与应用】佛肚竹秆形奇特，古朴典雅，在园林中自成一景，适宜于庭院、公园、水滨等处种植，与假山、崖石等配植更显优雅。

早园竹（沙竹）*Phyllostachys propinqua*

【科属】禾本科，刚竹属

【识别要点】秆高 2～10m，新秆绿色具白粉；老秆淡绿色，节下有白粉圈。每节具 2～3 个小枝。小枝具 2～3 枚叶，叶片带状披针形，背面基部有毛，叶舌弧形隆起。箨鞘淡紫色或深黄褐色，被白粉，有紫褐色斑点；箨舌淡褐色，拱形，箨片披针形或线状披针形，绿色，背面带紫褐色，平直，外翻。

【分布范围】原产于浙江、江苏、安徽、江西等地，河南、山西等地也有栽培。

【主要习性】抗寒性强，能耐短期 –20℃低温，适应性强，在轻碱地、砂土及低洼地均能生长。

【养护要点】怕涝，易积水的竹林要开好排水沟，降低地下水位。

【观赏与应用】秆高叶茂，生长强壮，供庭院观赏，是华北园林中栽培的主要竹种。

紫竹（黑竹、乌竹）*Phyllostachys nigra*

【科属】禾本科，刚竹属

【识别要点】秆散生，高 3～10m，直径 2～5cm，中部节间 25～30cm，新秆绿色，密被白粉和刚毛，当年秋冬就逐渐呈现黑色斑点，一年后全变为紫黑色，无毛；主枝常呈黑色。叶片 2～3 枚，生于小枝顶端，叶片为窄披针形，质地薄。笋期 4—5 月。

【分布范围】原产于中国，广布于华北经长江流域至西南等省（区、市）。

【变种与品种】紫竹的主要变种有淡竹（毛金竹）var. *henonis*，秆高大、通直，高可达 7～18m，秆壁较厚，秆绿色至灰绿色。

【主要习性】耐寒性较强，北京紫竹院公园小气候条件下能露地栽植，稍耐水湿，适应性较强。

【观赏与应用】秆紫黑色，叶翠绿，为著名观赏竹种；常配植于庭院山石之间或书斋、厅堂、小径旁，可与黄槽竹、金镶玉竹、斑竹等秆具有色彩的竹种同栽于园中，增加色彩变化。

黄槽竹（玉镶金竹）*Phyllostachys aureosulcata*

【科属】禾本科，刚竹属

【识别要点】地下茎单轴型，秆散生；中型竹，秆高 3～6m，径粗 2～5cm；新秆绿色，密被细毛，有白粉，秆环中度隆起，高于箨环；秆在分枝以下的节间呈圆筒形，分枝的一侧有黄色纵槽；每节有 2 分枝，每小枝有 2～3 叶，叶片为披针形，长 7～15cm。笋期 4—5 月。

【分布范围】原产于中国，分布于北京、河北、山东、江苏、浙江等地。

【变种与品种】黄槽竹的主要变种有金镶玉竹（黄金间碧竹）f. *spectabilis*，秆金黄色，节间纵槽绿色，秆上有数条绿色纵条。秆色泽美丽，常植于庭院。

【主要习性】适应性强，耐严寒，耐 –20℃低温，适宜栽在背风向阳处，喜湿润、排水良好的土壤，在干旱、瘠薄地的植株呈低矮灌木状。

【养护要点】栽培较容易，春天干旱少雨，应注意及时浇水。

【观赏与应用】黄槽竹在北方常做庭院绿化用，尤其是变种金镶玉竹，秆色金黄，中间带有碧绿条纹，四季常青，挺拔秀丽，是我国四大观赏名竹之一，具有很高的观赏价值和经济价值。

斑竹（湘妃竹）*Phyllostachys bambussoides* f. *lacrima-deae*

【科属】禾本科，刚竹属

【识别要点】斑竹为刚竹的变型，与刚竹相似。秆散生，秆高 7～13m，径粗 3～10cm，与原种之区别在于一年生秆绿色，以后渐次出现大小不等、边缘不清晰的淡墨色或紫黑色斑点，分枝也有紫褐色斑点，故名斑竹。

【主要习性】喜温暖湿润气候，稍耐寒。

【观赏与应用】斑竹为我国著名观赏竹种，传说有"娥皇女英斑竹泪"的爱情故事，更增加了斑竹的传奇色彩；在园林中可片植，或与山石配景，也可盆栽观赏。

鹅毛竹（矮竹）*Shibataea chinensis*

【科属】禾本科，矮竹属

【识别要点】矮小竹类，株高尺余。秆直立，纤细，中空极小或近于实心，每节分枝 3～6 枝，分枝通常只有两节，仅上部一节生叶。一般每小枝生 3 小叶，厚纸质，表面疏被茸毛，稍具白粉。叶纸质或近于薄革质，光滑无毛，鲜绿色，老熟后变为厚纸质或稍呈革质，卵状披针形，长 6~10cm，宽 1~2.5cm，基部较宽且两侧不对称，先端渐尖，两面无毛，叶缘有小锯齿。花果未见。花期 5—6 月。

【分布范围】鹅毛竹为本属中分布最广的一种，广分布于江苏、安徽、江西、福建等省（区、市）。

【主要习性】喜温暖、湿润环境，稍耐阴，浅根性，在疏松、肥沃、排水良好的砂质土壤中生长良好。

【养护要点】生于山坡或林缘，亦可生于林下，不宜在强光下直射。

【观赏与应用】鹅毛竹的秆矮小密生，叶大而茂，可做地被树种栽培，宜栽培于公园中供观赏。

参 考 文 献

[1] 陈有民. 园林树木学（修订版）[M]. 北京：中国农业出版社，1990.

[2] 陈秀波，张百川. 园林树木识别与应用 [M]. 武汉：华中科技大学出版社，2012.

[3] 王庆菊，刘杰. 园林树木（北方本）[M]. 北京：中国农业大学出版社，2017.

[4] 郑万钧. 中国树木志 [M]. 北京：中国林业出版社，1983.

[5] 华北树木志编写组. 华北树木志 [M]. 北京：中国林业出版社，1984.

[6] 熊济华. 观赏树木学 [M]. 北京：中国农业出版社，1998.

[7] 张天麟. 园林树木 1600 种 [M]. 北京：中国建筑工业出版社，2010.

[8] 潘文明. 观赏树木 [M]. 北京：中国农业出版社，2001.

[9] 卓丽环. 园林树木 [M]. 北京：高等教育出版社，2006.

[10] 邱国金. 园林树木 [M]. 北京：中国林业出版社，2005.

[11] 吴玉华. 园林树木 [M]. 北京：中国农业大学出版社，2008.

[12] 尤伟忠. 园林树木栽植与养护 [M]. 北京：中国劳动社会保障出版社，2009.

[13] 何国生. 园林树木学 [M]. 北京：机械工业出版社，2008.